# 内衣系列艺术设计

AR内衣产品运营丛书

于 芳　杨雪梅　柯宇丹 ——— 著

*Underwear*

*Creative*

*Serial*

*Design*

化学工业出版社

·北京·

# 内 容 简 介

本书由四大部分构成：家居服系列艺术设计、文胸系列艺术设计、泳装系列艺术设计、塑身衣系列艺术设计。本书结合新款设计作品，从内衣创意设计理论方法入手，以系列设计开发为重点，深入浅出地归纳了不同内衣品类的设计方法，以提升系列设计的理论知识、创新思维能力、商品开发的设计能力以及艺术素养与审美水平，直观展示了从灵感创意到系列成品的完整艺术创作，能有效启发和提高读者的设计与实践能力。

本书结合增强现实技术（AR 技术），将多媒体、三维建模、实时视频显示等新技术有效融合，构建出完整的虚拟知识环境，能更高效、更快速、更便捷地培养服装创意设计思维。本书配套APP"内衣AR"软件，可在手机应用市场搜索并下载，用手机扫描书中的图片，即可观看每一个款式对应的虚拟人模穿着展示。读者既可查看该款式的造型设计、纸样绘制和缝制工序图分析说明，又可观看款式的创意动漫视频，还可以进行款式组装设计或者通过配色小游戏来练习色彩设计。本书既可作为高等院校服装专业的教学用书，又可作为服装从业人员的学习用书。

## 图书在版编目（CIP）数据

内衣系列艺术设计/于芳，杨雪梅，柯宇丹著. —北京：化学工业出版社，2022.11
（AR内衣产品运营）
ISBN 978-7-122-42103-6

Ⅰ.①内… Ⅱ.①于… ②杨… ③柯… Ⅲ.①内衣-服装设计
Ⅳ.①TS941.713

中国版本图书馆CIP数据核字（2022）第163152号

责任编辑：李彦芳
责任校对：王鹏飞
装帧设计：史利平

出版发行：化学工业出版社
（北京市东城区青年湖南街13号 邮政编码100011）
印    装：涿州市般润文化传播有限公司
787mm×1092mm  1/16  印张10  字数178千字
2023 年1 月北京第 1 版第1次印刷

购书咨询：010-64518888
售后服务：010-64518899
网    址：http://www.cip.com.cn
凡购买本书，如有缺损质量问题，本社销售中心负责调换。

定    价：88.00元                    版权所有    违者必究

前言

本书是"AR 内衣产品运营"丛书中的一册。本书以内衣类设计的系列开发理论知识和实践为重点内容，系统讲述了家居服、文胸、泳装、塑身衣四大内衣品类的单款设计方法、系列拓展设计方法，并配有大量主题性原创作品示例，直观展示内衣产品的创意思维、艺术设计开发流程，能启发读者的灵感创意及系列成品的艺术创作，以期提高读者的设计与实践能力。

本书配套 APP"内衣 AR"软件，可在手机应用市场搜索并下载。"内衣 AR"软件作为平面实体信息知识引导，利用增强现实（Augmented Reality，简称 AR）互动技术，为读者提供超越现实的感官学习体验，包括三维虚拟展示、创意动漫展示视频、款式组装设计、产品配色设计，纸样绘制、缝制工序图等内容。读者用手机扫描书中的图片即可观看对应的虚拟人模穿着展示及相关内容。通过全流程的三维虚拟技术，读者可以自由参与内衣设计开发，从而提高本书的趣味性、实践性，展现虚拟仿真技术在服装设计中的应用。

"AR 内衣产品运营"丛书由杨雪梅担任主编。本书塑身衣分类款式设计由杨雪梅负责，其他文图由于芳负责，虚拟网络教材手机版和 PC 版系统开发由杨雪梅总负责。

"AR 内衣产品运营"丛书是"广东省高教厅重点平台—服装三维数字智能技术开发中心"的教学研究成果，相关内容也可以在"服装三维数字智能技术开发中心"平台网站查询。同时感谢惠州学院出版基金资助，感谢服装三维数字智能技术开发中心平台的合作公司深圳格林兄弟科技有限公司给予的大力支持。

著者

2022 年 6 月

# 目录

# 第三章
## 泳装系列艺术设计　083

# 第四章
## 塑身衣系列艺术设计　119

# 第一章

# 家居服
# 系列艺术设计

　　家居服由睡衣演变而来，且不断地变化着。现在的家居服已不再是单纯的睡衣，家居服与休闲类甚至运动类服装逐渐融合。同时，在内衣外穿的流行趋势下，家居服的穿着范围已经扩大，功能和款式越来越丰富。

# 第一节
# 家居服的分类与
# 艺术风格

## 一、家居服的特点与分类

### 1. 家居服的特点

家居服的特点是面料舒适、款式简洁、行动方便，这三个方面均以满足舒适家居着装状态为主旨。因此，家居服在视觉效果上要简单、轻松、惬意或温馨，面料要健康、舒适、亲肤。家居服常以套装形式出现，整体感较强。针对家居服近年的新兴流行与扩充，还拥有介于时装和内衣之间的特质，其穿着场合更多样，非常适合未来人崇尚新潮且舒适休闲的生活方式。

### 2. 家居服的分类

（1）根据季节可分为：春秋款、夏款和冬款。

（2）根据款式特点分为：袍、衣、裤、裙、连体衣等。

（3）根据用途可分为：室内睡衣和休闲外穿两个大类，室内睡衣类包括常规睡衣和创意睡衣；休闲外穿类包括休闲时尚式、休闲运动式。

## 二、家居服的主要风格

家居服的艺术风貌林林总总，其中常见的类别主要为现代简约风、趣味可爱风、清新甜美风和中国风。如图1-1所示，a款只有简单的结构分割拼色以及小标志设计，整体简洁大方，是现代简约风格；b款从图案到小领尖、泡泡袖、荷叶边，无不显示着可爱气息，是趣味可爱风格；c款绿色格子清新自然，款式独特而大气，是清新甜美风格；d款结构由古风转化而来，再运用古典图案，诠释了中国风在家居服中的适度设计。

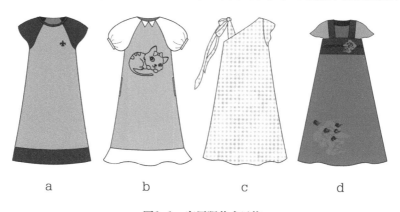

a     b     c     d

图1-1　家居服艺术风格

第二节
家居服的
设计方法

# 一、艺术创作设计法则概述

艺术创作设计要遵循美的规律，在创新的同时传达美的感受。设计师可以结合当下流行趋势，设计出受大众欢迎的新潮产品。在服装设计过程中要关注形式美的七大法则。

## 1. 平衡

平衡形式分为两种，分别是对称与均衡。对称指的是事物中心轴两端内容同形等量的形式。中心轴的不同可分为左右对称、上下对称和多轴对称。均衡是构图中造型组合不对称，但力量相对平衡的形式。

如图1-2所示，a为左右对称，b为上下对称，c为多轴对称，d为均衡。

人体是左右对称的，所以对称在服装设计中的应用最为广泛，可以表达稳定、朴实、威严或舒适的美感，如图1-3中的a所示。均衡是在不对称而其形式自由、富于变化的情况下通过构图安排使画面不失平衡感，如图1-3中b的透明面料设计。对称与均衡既可设计在廓形、结构上，也可以在色彩、细节、图案装饰等方面进行设计。

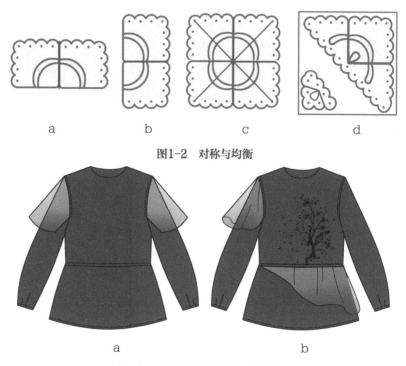

a      b      c      d

**图1-2　对称与均衡**

a      b

**图1-3　对称与均衡在家居服中的应用**

## 2. 比例

比例是指事物局部与整体或局部与局部之间的数量关系，主要是线的长与短、粗与细，面积的大与小、多与少的差异。

如图1-4所示，腰节线下部分的长短设计会影响服装外轮廓造型，从而影响服装的整体视觉是更大气还是更精致。如图1-5所示，横向分割线的位置、宽窄会影响服装的造型、配色等效果。

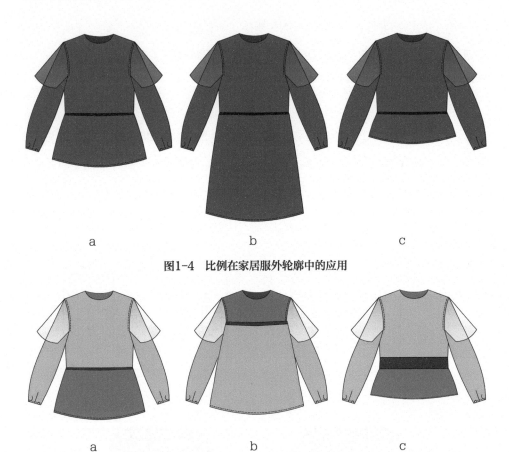

a            b            c

图1-4 比例在家居服外轮廓中的应用

a            b            c

图1-5 比例在家居服内结构中的应用

## 3. 齐一与参差

齐一是在元素边缘或排列上无明显的差异和对立因素，体现出强烈的整齐感和次序感。参差，与齐一相对，是不规则设计，是经典的流行设计手法。

如图1-6所示，同款上衣腰部的褶皱拼接部分，a为齐一排列，带来一种秩序美；b为不规则排列，带来不规则的变化美。

a　　　　　　　　　　b

图1-6　齐一与参差创作法则设计

### 4. 节奏与韵律

　　节奏原指音乐或舞蹈中音响或动作运动的过程，有规律地出现强弱、长短的连续交替现象。对视觉艺术来说，是指各种可比成分的艺术语言连续交替和形象的重复。韵律原指诗歌中的声韵和节律。在视觉艺术中，节奏与韵律是指艺术形象的高低、起伏、轻重的组合形成视觉上的变化美感。

　　如图1-7所示，a的袖子造型展示了"大-小-大"或"长-短-长"的交替变化，富有节奏美感；b的透明装饰裁片的流转起伏设计诠释了韵律的美感。

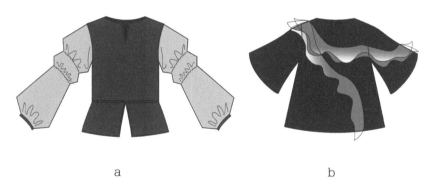

a　　　　　　　　　　b

图1-7　节奏与韵律创作法则设计

### 5. 渐变

　　渐变是一种状态向另一种状态变化的过程显现，在视觉艺术中有着差异与柔和并存的艺术效果。例如颜色的渐变、元素大小与疏密的渐变等。

　　如图1-8所示，a为颜色渐变，b为结构大小渐变，c为结构大小+颜色渐变，d为装饰疏密渐变。

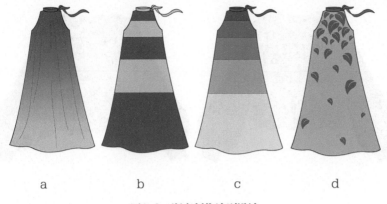

图1-8　渐变创作法则设计

## 6.　主次与对比

　　主次与对比主要指在艺术创作中不同表达语言之间的主导关系层次。例如色彩设计，一般以色彩的面积大小对比来体现主次关系，大面积色彩为主色，决定整个画面的色调倾向；小面积色彩起辅助和衬托作用。主色可以协调整个画面或空间，协调不同色彩间的对比关系。在艺术创作中还存在多种对比：如方与圆、繁与简、藏与露、虚与实等。对比的强弱主要依靠不同元素的差异程度体现。

　　如图1-9所示，a款主要强调主次关系：大面积为红色，是主色调；在领口、图案、袖子的黑色属于配色，衬托主色；从设计元素的对比来说，脸谱图案为主，左下角的线条为辅，烘托整个气氛。对比设计还体现在颜色、形状和款式长宽比例上。b款主要强调对比，在深浅面积相近的情况下，深色图案的位置、内容、丰富度体现了其重要性，粉色为背景衬托，流苏为次要设计语言。

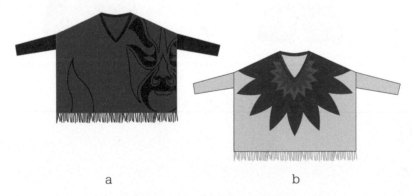

图1-9　主次与对比创作法则设计

## 7. 调和与统一

调和是几个要素之间，无论在质上还是量上都保持着一种秩序和统一，给人一种愉悦的感觉。统一的美，是通过对各个部分的整理，使整体具有某种秩序而产生的一致美。调和可以让作品中的对立因素达到统一，对比与统一的强弱关系可以依靠调和的度来把握。在家居服设计中，调和与统一的美既出现在单品中，也出现在套装中。

如图1-10所示，两套装中的对立因素有图案与色块、不同明暗的配色、平面面料和立体毛边。将其在位置、大小、完整性等方面穿插呼应即可完成调和设计，如前后片的浅色和毛边的同色调和、裤袋边的代表性局部图案与上衣主图的小面积图案调和。总之，使不同设计元素你中有我、我中有你，达到整体和谐的统一美。

a      b

**图1-10　调和与统一创作法则设计**

# 二、家居服设计的原则与方法

## 1. 总体原则

家居服有一定的时尚潮流度，必须区分于西装、职业装、礼服、晚礼服、婚纱、牛仔装、前卫装等服装类别进行设计。由于家居服的款式不宜过于复杂或夸张，因此，应着重关注面料和装饰及图案的设计。

（1）面料，主要采用柔软、舒适的面料，例如棉、莱卡、莫代尔等天然纤维织物或弹力织物，以保证穿着的贴身性和舒适度。套装家居服需运用相同的主料。

（2）款式，结构要设计得相对宽松、分割少，尤其是梭织面料的纸样设计一般要给够放松量，使实物产品在穿着方式上应该较为容易，且便于活动。

（3）工艺，一般情况下的家居服产品的工艺制作方法应相对简单、细致，充分考虑贴身的舒适性。偏高档的家居服会使用手工工艺。

（4）装饰，设计相对流行且简约的细节元素，例如选用连续图案面料、进行局部小面积装饰，或在宽松裁片上运用大面积图案。

## 2. 常用设计方法

（1）缩减转化。缩减转化是指减少、简化、缩小原有繁杂多样的设计元素。家居服产品的设计可参考流行趋势的最新主题元素，而出现在时装上的流行趋势可能过于正式、造型立体层次繁多、紧身束缚、装饰细节多样等情况，不能完全吻合家居服的穿着环境特点和设计要求。因此，把流行新元素在家居服中进行一定程度的缩小、简化设计，既保证了家居服的新颖性和潮流性，也使其符合产品要求，能更好地为市场需求服务。

图1-11　缩减转化设计方法

如图1-11，男装的设计手法是近年流行的解构方法，但在家居服中不适合用大面积牛仔，也不适合用过多复杂的解构拼接。因此，根据家居服的特点，将解构手法的牛仔面积减小、结构简化后运用在T恤中，遵循均衡形式，既平衡了流行元素的形式构图，也平衡了流行元素与家居服设计要求之间的关系，保持了家居服的舒适、简约。

图1-11中的女装设计手法是近年流行的抽褶，但在家居服中不适合运用过多。因此，只运用一个抽褶，同时将服装结构缩减、规则化，相比潮流个性的流行款，保持了家居服的简洁大方，又不失时尚的特点。

（2）艺术升华。艺术升华，这里主要指将非服装语言元素转化为服装设计元素，并形成一定的主题风格特色。一些前瞻性的流行趋势仅提供了概念性的流行方向，例如摄影、电脑科技画面，甚至只是抽象的色块灵感图，但并没有实际的服装设计或实物案例。在进行创意设计时需要艺术化处理，将概念图、灵感图联想到某个风格主题上，以服装的表达语言体现出来。

1957年，法国艺术家伊夫·克莱因（Yves Klein）在米兰画展上展出了八幅同样大小、涂满近似群青色颜料的画板，引起艺术界、时尚界的广泛关注，这种色彩被正式命名为"国际克莱因蓝"。

如图1-12中的套装设计，灵感来源于一张没有具象内容的夜景摄影，仅有色彩和形状。由此效果联想到"克莱因蓝"，在全黑的背景下，蓝色愈发显得浓郁而神秘。主题为"梦见克莱因蓝"的设计以蓝、黑为主色，以图像、色块呼应的形式运用于结构简洁的家居服中，白点为点缀色，提亮图案的焦点视觉效果，抽象且具有艺术感。

**图1-12 艺术升华设计方法**

图1-12中的裙装设计，灵感来源于2022年流行色主题"蝴蝶兰"。此款设计不仅运用了蝴蝶兰的色彩，还将其造型艺术化，巧妙地运用于连衣裙的领口。多层

轻纱设计既体现了蝴蝶兰的花瓣效果，也传达了其优美和气质，可升华主题为"心系蝴蝶兰"，从而提升作品魅力和产品附加值。

（3）呼应。呼应原意是指彼此声气相通，互相照应。在艺术设计中，主要表现为你中有我、我中有你，元素相互穿插的效果。在家居服设计中，应用呼应设计手法，能使服装产品整体和谐、大气、统一。

如图1-13所示，a款在细节元素上反复运用了蕾丝，在领口、袖子和下摆形成呼应效果；在色彩上，单色面料与花色面料的底色一致；腰部的深色线与图案中的叶子色彩相同，也起到了呼应效果。在蕾丝、单色面料、花色面料的组合设计中，运用大面积的相同色彩和多次呼应手法，使裙装既有风格特色又协调统一。

图1-13中的b款套装设计用相同元素进行呼应设计，袖色浅灰蓝正是主面料的图案色，色彩呼应协调统一。

a                b

**图1-13　呼应设计方法**

第三节
家居服系列
艺术设计的
方法与流程

# 一、系列服装概述

　　系列服装一般是指那些具有共同鲜明风格、在整个风格系列中每套各有独自特点的服装。它们多是根据某一主题而设计制作的具有相同因素而又多数量、多件套的独立作品或产品。每一系列服装在多元素组合中表现出来的次序性与和谐性的美感特征，是系列服装的基本特征。

　　系列装根据用途的差异，包含的内容及最终制作数量也不尽相同，一般可以分成以下两个类型。

## 1. 创意展示系列装

　　创意展示类系列装注重创新性、概念性、整体性的设计，常见于时装发布、创意服装大赛、趋势预测等。

　　自20世纪初至今，时装发布会一直都是服装界、时尚界备受瞩目的盛事，以真人模特穿着新颖服装动态走台为主要形式。系列装是同一主题的多套整体造型，包括头饰、首饰、鞋靴、箱包等配件，甚至做专有形象发型和妆容设计，传递新流行与品牌精神。

　　服装设计大赛也多以系列呈现，一直提倡艺术创造力、原创性、超前精神和新潮时尚，设计师可以尽情发挥想象力，尝试新工艺、新造型、新面料等手段。中国内衣类服装大赛有"魅力东方中国国际内衣创意设计大赛""中国国际居家衣饰原创设计大赛"等，其主旨要求创新、艺术的同时，兼顾创新流行与市场潜力的引导作用。流行趋势中常有未来流行风向的主题概念及其系列展示版，可以指引相关人群对未来产品的把握。

## 2. 成衣产品系列装

　　成衣产品系列装是批量生产的产品，主要面向消费者，常见于品牌发布会、订货会和销售市场。成衣系列的设计一般参考流行趋势、定位较高的品牌发布、热销款进行新产品款式的主题定位，把握流行趋向，增加产品新意与内涵，提高附加值。不同档次定位的产品不同程度地融合流行新元素，注重季节影响下的不同产品类型的结构组成，以满足消费者需求，款式设计具有流行性。最终将成衣产品分类、美观地展示给消费者选择，流向终端市场。具体可参考表1-1中不同季节、不同波段在款式类别及数量上的不同安排。

两类系列装设计有一定的差别但又相互关联。创意展示系列装的定位偏高端、创意，例如出现不规则造型、明显的流行元素、定位印花、局部面料再造或手工艺等；同时，在服饰配件、整体造型、道具方面会追求艺术化的主题效果和舞台效果，力求达到极致视觉美感享受。成衣产品系列装的设计应充分考虑产品定位、季节性、实穿性特点，按产品商品企划方案设计分配各个波段进行开发。如图1-14所示，同样以"白鲸"为主题元素，a款的造型独特、夸张、新颖、细节丰富、配套完整、舞台效果突出，制作工艺多、制作周期长；b款简洁大方、穿着方便、制作快速、受众面广，但款式偏常规，仿制容易。所以，不同定位档次及流行度的系列设计可参考两者的差异分别设计。

表1-1　家居服品牌产品结构表比较

| 时段 | 常规流行款 | | | | | | | 个性款/配件 | | | | 合计 |
|---|---|---|---|---|---|---|---|---|---|---|---|---|
| 春 1波 | 两件套 | 三件套 | 连衣裙 | 长袖T恤 | 长袖卫衣 | 收脚长裤 | 直筒长裤 | 套装 | 连体服 | 眼罩 | 袜子 | |
| 数量 | 5×2 | 2×3 | 2 | 3 | 3 | 3 | 2 | 1 | 1 | 1 | 2 | 34 |
| 占比 | 85% | | | | | | | 15% | | | | 100% |
| 时段 | 常规流行款 | | | | | | | 个性款/配件 | | | | 合计 |
| 夏 1波 | 两件套 | 连衣裙 | 短袖上衣 | 短袖T恤 | 吊带上衣 | 中裤/裙 | 长裤 | 套装 | 夏季拖鞋 | 眼罩 | 裙 | |
| 数量 | 5x2 | 6 | 2 | 3 | 2 | 4 | 2 | 2 | 1 | 1 | 2 | 35 |
| 占比 | 83% | | | | | | | 17% | | | | 100% |
| 时段 | 常规流行款 | | | | | | | 个性款/配件 | | | | 合计 |
| 冬 1波 | 两件套 | 三件套 | 长袖卫衣 | 长袖打底 | 发热类 | 收脚长裤 | 直筒长裤 | 眼罩 | 冬季拖鞋 | 连体服 | | |
| 数量 | 5×2 | 1×3 | 2 | 2 | 2 | 2 | 2 | 2 | 1 | 2 | | 28 |
| 占比 | 82% | | | | | | | 18% | | | | 100% |

另外，反复练习系列装中同一主题下差异性定位设计，如1-14中的a款和b款，以及它们中更多不同程度的设计，有利于锻炼在系列设计中隆重与简约、夸张与收敛的把握能力，加强对系列节奏感和对比感的调整能力，以及对流行元素不同程度的融合能力。

图1-14　繁简对比设计

## 二、家居服设计总流程

家居服系列艺术设计的程序一般从流行趋势开始，分析、归纳出主题风格后，可以从两个方面入手。偏重艺术创新可以直接从款式设计入手，再进行色彩与面料的选择或定制，制作后进行整体搭配，展示于发布会或服装大赛。从开发产品的角度则先进行面料选择或定制，再开始款式设计，经选款后做出样衣，调整样衣后进入订货会环节，订货批量生产后进入市场，如图1-15所示。其他类别的服装的设计总流程与此相似，后文不再叙述。

家居服的色彩多以柔和、清新、素雅的色调为主，也不乏偏喜庆的中国风或活跃的运动风色彩。色彩可以参考流行色的预测内容进行主题计划，在产品设计时根据主题直接选用面料花色。流行趋势

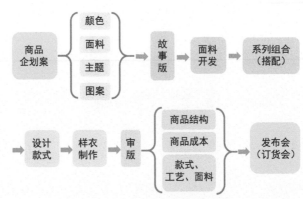

图1-15　服装产品开发流程图

一般提前两年推出色彩提案，提前一年左右推出最新面料。设计要根据这些内容分析和归纳主题方向，需要掌握色彩的情感与意向，了解当下流行及可能流行的生活方式，有艺术家的敏感与想象，可以对色彩有着延展性的设计概念，并落到较为具体的细节元素上。

## 三、第一款设计

### 1. 主题设计

第一款设计是根据流行趋势、主题灵感和产品定位开始尝试的设计。主题是指创作或者社会活动中等要表达的中心思想、观点、主旨，服装设计主题体现在作品的形象主张，主题元素是反映主题的多种具体内容和形式。如由荷叶边、蕾丝、排褶等元素共同组成裙装，可创作与"洋娃娃"相关的主题设计，表达洛丽塔风格。如由铆钉、黑色、皮流苏等元素组成服装，可创作与"叛逆""酷"等相关主题，表达朋克风格。如由脸谱、右衽结构组成服装，可体现"戏曲"主题，表达中国风。

主题元素的选择一般从流行趋势和新型面料方面入手，可以提前判断市场流行走向，提炼可运用要素进行主题风格的确定，从而为艺术创作或产品开发指引方向。

第一款设计是将系列主题具体化在图稿上，清晰地表达款式结构、主题特点和设计元素，为系列拓展做好确定性的第一步。具体包括款式造型、色彩搭配、面料图案、局部细节上的设计。

### 2. 主题与图案设计

由于家居服设计较为简洁，图案自身的特色突出，因此图案是影响主题风格的主要元素。如图1-16所示，在同样的款式结构设计基础上，图案花色的运用决定了服装的主题风格。考虑三角形的尖锐，可将艺术主题推引为"你我的棱角"，传达现代简约风甚至更深邃的思考。感受冰激凌的味道，择其中淡粉色作为主色调，可概括主题为"甜化季"，传达甜美的趣味可爱风。蔓延碎花蝶舞的美妙旋律，可将主题联想为"起风了"，传达轻盈惬意的清新田园风。欣赏水墨画的灵动与意境，可将主题艺术升华为"点水成澜"，配以素雅的灰蓝主色，传达特色中国风。

　　同时，需要考虑设计元素的具体表达方式，如拼接、褶皱、刺绣、印花等面料再造或工艺。这些工艺可以结合运用，如渐变色面料的缩褶设计等。

图1-16　图案应用设计

　　图案的应用方法很多，除了最常见的单独运用和四方连续的直接运用，还可以组合搭配运用。如图1-17所示，图案是以仙鹤为主题的中国风设计，其中b款为较常见的四方连续面料运用，即选择原创图案后，将印花面料完整地应用于服装款式；a款为选择性运用，可根据需要选择或创作图案，并可自定义图案的应用位置和工艺，如印花、辅助刺绣等；c款为组合式运用，选择原图案的部分形象进行组合，打破原有的构图方式并自定义应用位置。在视觉效果上，b款更丰富，气氛浓郁，a款、c款则更加大气稳重，定位处理图案更具匠心。

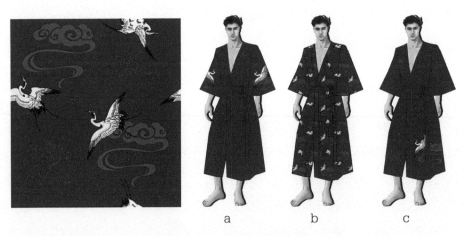

图1-17　主题与图案设计

### 3. 主题与款式造型设计

从款式造型设计的角度也可以反映主题风格。如图1-18所示，以蜜蜂的形象为元素进行造型设计，连体的茧型轮廓、圆圆的大圆领、褶边、蜜蜂图案、简约花朵，这些都充分地表达了蜜蜂的可爱，增加了趣味性。如图1-19所示，设计中国风的裙装，可以参考具有中国特色服装造型。裙装的领口转化了中国传统的交领式服装结构，并结合了露肩的流行款造型，达到新颖而富有韵味的中国风家居服效果。

图1-18　主题与整体造型设计　　　　　图1-19　主题与细节造型设计

## 四、家居服系列设计的方法

### 1. 款式拓展

家居服系列款式设计由第一款逐步发展成为多款系列设计，一般从廓形和产品类别着手，进行变化设计，主要集中在款式结构的设计上，每套设计在保持主题和色调不偏离的前提下，尽可能地区别于已有设计。家居服款型比较偏宽松、休闲，款式拓展主要有轮廓分解和形状组合两种方法。

轮廓分解即先参考产品类别，以几何型对每套服装的外轮廓进行设计拓展，使系列廓形达到大小、长短、收放不同的节奏美。以夏季五套系列为例，如图1-20所示，第一套为连衣伞裙的中长梯形外轮廓，第二套设计为上下组合的长方形套装，第三套设计成连体椭圆形裙，第四套为上宽下窄的倒三角形裙，第五套再拉长线条为分体菱形套装。五套家居服设计在外轮廓上形状各有差异，造型富于变化，有收有放；衣服长短可以满足产品结构中所需要的长裙、短裙、常规上衣、宽松上衣、长裤、短裤等产品类别。款式拓展是系列艺术设计和系列产品设计的重要环节。确定廓型后再进行内结构设计，以达到系列节奏感，如图1-21所示。

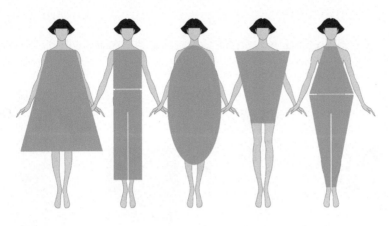

图1-20　轮廓分解

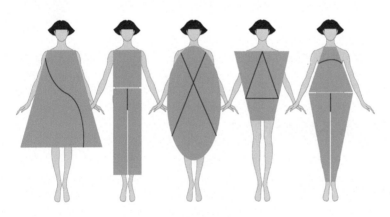

图1-21　轮廓内结构设计

形状组合是根据产品类别，先利用几何型进行单品设计，然后组合成套，形成某种外轮廓的设计。系列拓展款式需要注意在外轮廓和单品造型上要区别于已经设计的款式，再以大小、长短、收放上的节奏美反复调整。如图1-22所示，蓝色造型和紫色造型共同组成服装整体造型。

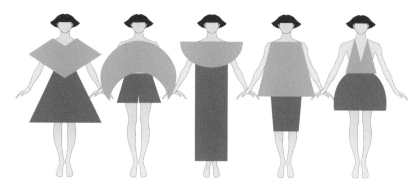

图1-22 形状组合

## 2. 元素拓展

系列元素拓展要根据第一款设计确定的细节手法，进行同主题再现、变化、升级等元素的设计，需要把细节元素在款式中的位置、大小、整体、平面与立体，甚至搭配形式等区别应用，以达到系列装细节设计在视觉效果上的节奏美。如图1-23所示，粉色区域代表细节手法设计，如褶皱、印花、绣片、拼色等位置和大小，图1-24是按图1-23的区域划分运用中国风花鸟元素图案的效果。内容和形式需要相同或相近，以保证系列主题的一致性，为了避免无新意的雷同，切忌在同一位置出现统一大小的细节设计。

在系列拓展时可运用多种元素组合设计，由于家居服不宜过于复杂，多种元素应分开层次。图1-24中除了中国风花鸟图案印花元素外，还有分割设计、褶皱设计、边线设计、透明纱和流苏的运用，但为了突出主题特色，应在多套中保证花鸟元素为第一视觉要素，与全身面料色彩有差异，避免突出其他元素。

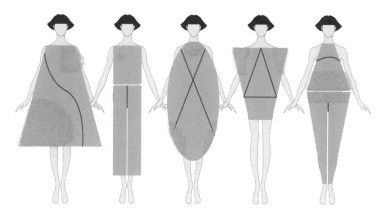

图1-23 系列家居服中的元素拓展设计

图1-24　中国风印花元素拓展设计

　　图1-25是同造型、同结构分割款式中运用另一种元素的设计方式，同样遵循节奏、对比与统一。如图1-26所示，纱和边线、绳带均可同时运用，黄、橙、粉三种搭配色在大面积灰蓝的映衬下，避免了呆板，使设计更活跃。

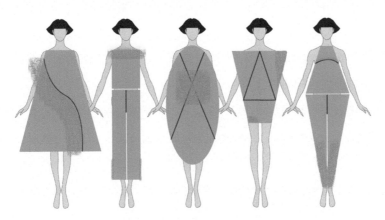

图1-25　元素拓展设计图例1

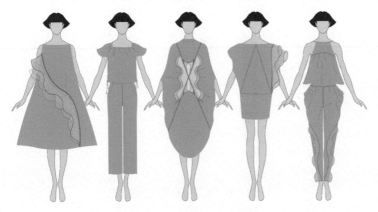

图1-26　元素拓展设计图例2

### 3. 调整与搭配

系列设计完成后可根据艺术美的创作法则进行调整及配件搭配设计，既完善系列设计，也增加配件产品开发。一般从以下三方面进行设计。

（1）系列设计是否因为过于整体统一而出现重复、呆板或雷同，还是因为过于对比而出现杂乱、零散或主题含糊，统一和对比之间的关系不协调。

（2）判断重要元素安排的位置、大小、表达方式上是否合适，可传达系列统一的主题风格且富有节奏感和韵律。

（3）根据季节设计相应的配件产品，是否符合或提升主题，整体造型搭配和谐，具有舞台美感、系列的艺术效果。

如图1-27所示，五套家居服系列的主题元素为绘画人脸图案，设计上运用多种艺术美的创作法则进行构图安排，在大小、角度、位置等方面进行整体系列调整，达到系列节奏美与主题统一的艺术感。同时，将图案的正形与负形混合运用，定位印花工艺使款式独具特色。红唇和红绳的运用活跃了视觉效果，富有跳跃的韵律感。最后，眼罩、拖鞋、抱枕的添加也使整体系列家居服更加完整。

图1-27　系列设计的调整与搭配

第四节
家居服系列
设计实践

# 一、实践案例：方与圆

系列定位：简约、舒适。

主题元素关键词：几何、拼色、褶皱。

根据参考款式图1-28进行主题构想和艺术系列拓展，选择简约几何形组合为主要设计元素，确定主题名称，设计五套夏季女装家居服，并将设计艺术化、系列化，升华作品效果。

## 1. 第一套

如图1-29所示，款式设计具体为：连衣、长裙、无袖、不对称均衡式、褶皱。在几何形基础上的不对称设计，既保持了家居服的简约，又体现了新意；以亮黄为主调，两处浅粉起到了呼应效果。

图1-28 "方与圆"
系列参考款式及灵感图

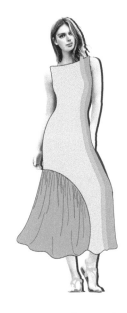

图1-29 "方与圆"
系列第一套效果

## 2. 第二套

如图1-30所示，拓展系列时保持主题要素的特色并与第一套在廓形、结构上有所差异。第二套设计为有袖短裙款，结构为对称式，下摆处图案与第一套呼应，调整了圆形方向；以浅灰为主调，两处亮黄色呼应第一款的色彩；透明泡泡袖丰富视觉，细黄绳带增加细节效果。

### 3. 第三套

如图1-31所示，前两套都是连身装，第三套进行分身设计，在结构上保持拼色效果。

### 4. 第四套

如图1-32所示，领部为不对称设计，呼应第一套；肩部系带、透明面料运用呼应第二套；粉色为主色调区别于前三套。

### 5. 第五套

如图1-33所示，分身设计，运用倾斜褶皱，上衣多处不对称，图案配色再次展示主题元素。

图1-30 "方与圆"　　图1-31 "方与圆"　　图1-32 "方与圆"　　图1-33 "方与圆"
系列第二套效果　　　系列第三套效果　　　系列第四套效果　　　系列第五款效果

### 6. 搭配整体造型

如图1-34所示，可调整局部设计或排列顺序，再加上发带、波点袜、抱枕、小熊配件，搭配丰富而合理。最后加上同色调的主题字和版式，呈现完整效果的家居服系列设计。

图1-34 "方与圆"系列整体造型搭配

## 7. 艺术排版

如图1-35所示，添加系列主题"圆与方"及相关元素的背景排版，背景色运用服装中出现的色彩，控制几何色块的透明度，以突出服装颜色。

图1-35 "方与圆"系列艺术排版

## 8. 系列设计拓展

　　五套家居服设计都运用统一配色的方、圆等几何元素，主题风格统一，款式变化丰富但不复杂，时尚感强且符合家居服的设计方向。外轮廓造型在不同领型，长、中长、短及宽松与收紧中体现节奏与韵律；色调明快，亲和力强。可利用PS等绘图软件快速调整配色或运用其他图案，如图1-36的"谧"主题、图1-37的"草莓季"主题。

图1-36　"谧"换色效果

图1-37　"草莓季"换色效果

## 二、实践案例：薰衣草的传说

系列定位：浪漫、柔和、时尚。

主题元素关键词：淡紫色、荷叶边、图案。

根据参考款式及灵感图1-38进行主题构想和艺术系列拓展，由浅紫色带来的柔和美好进而联想到薰衣草，以略有明度差的两种紫色搭配，以简洁的薰衣草图案为主要元素，确定主题名称并设计五套流行、时尚的夏季女装家居服，同时搭配新潮外穿款增加系列看点，将设计艺术化、系列化。

### 1. 第一套

如图1-39所示，款式设计元素为：吊带款、长裤、透明、褶边，运用多处褶边的波浪造型体现浪漫的女性魅力，突出了家居服的创新与时尚新意。

图1-38　"薰衣草的传说"
系列参考款式及灵感图

图1-39　"薰衣草的传说"
系列第一套效果

### 2. 第二套

如图1-40所示，区别于第一套长款，款式设计为袖衫和松身吊带短裙两件套，加入薰衣草图案，对称应用于肩部结构；透明面料应用于袖部，轻松而飘逸。

### 3. 第三套

如图1-41所示，第三套款式设计为区别于前两套的连衣长裙，反复运用波浪褶边造型，并按间距渐变排列，倾斜线增加动感效果，整体大气、简约、舒适。

### 4. 第四套

如图1-42所示，第四套设计为不对称流行款两件套，均衡式构图，加入局部褶皱和薰衣草图案，精致而俏皮。

### 5. 第五套

如图1-43所示，第五套设计为宽松短连衣裙款，采用不规则裁片增加不对称动感效果，薰衣草图案再次强调了主题。

图1-40 "薰衣草的 传说"系列 第二套效果　　图1-41 "薰衣草 的传说"系列 第三套效果　　图1-42 "薰衣草的 传说"系列 第四套效果　　图1-43 "薰衣草的 传说"系列 第五套效果

### 6. 搭配整体造型

如图1-44所示，可调整局部设计或顺序，根据主题风格和搭配需要，遵循系列节奏美，分别给每套搭配发带、耳环、裤袜等配件，达到理想的整体造型效果。

图1-44 "薰衣草的传说"系列整体造型搭配

## 7. 艺术排版

如图1-45所示，添加系列主题"The legend of lavender"及相关英文排版，选择薰衣草元素作为背景排版，控制薰衣草背景的强度，以突出服装效果，完成系列家居服设计稿。

图1-45 "薰衣草的传说"系列整体造型搭配

## 8. 系列设计拓展

　　五套家居服设计都运用主题"薰衣草"的深、浅紫搭配，视觉和谐，边饰和图案等细节设计突出了精致。款式变化丰富，注重时尚、创新，有的可外穿，部分款式运用了简约的薰衣草图案，点明主题。外轮廓造型在不同领型、衣长及宽松度中有变化节奏与韵律感。可利用PS等绘图软件快速调整配色或运用图案装饰设计，如图1-46的"The charm of Merlot"主题、图1-47的"听竹"主题。

图1-46　"The charm of Merlot"系列款式整体造型搭配

图1-47　"听竹"系列款式整体造型搭配

## 三、实践案例：海鸥飞处

系列定位：舒适、家庭、亲子。

主题元素关键词：蓝、渐变、图案、组合风景。

根据参考款式及灵感图1-48进行主题构想和艺术系列拓展，由色彩联想到海，选择海景图案为主要设计元素，款式设计舒适、大方、实用性强。运用特殊的横向构成方法将五套亲子家居服统一设计，达到特有的设计效果。具体系列设计的实践思路和方法如下。

### 1. 第一步

如图1-49所示，先将五套亲子系列装的款式结构设计在模特上绘制，包括女士上衣、女士长裤、女士长裙、儿童连衣裙、男士无袖T恤、男士短袖T恤、男式中裤、男士短裤，产品类别多样，以满足消费者的不同需求。

**图1-48 "海鸥飞处"
系列参考款式及灵感图**

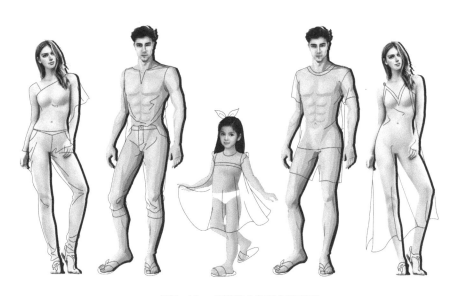

**图1-49 在模特上设计服装结构**

## 2. 第二步

如图1-50所示，将五套服装一起运用深蓝色连续设计，每套服装上设计的波浪线条可相接，能连成一个完整的色块。

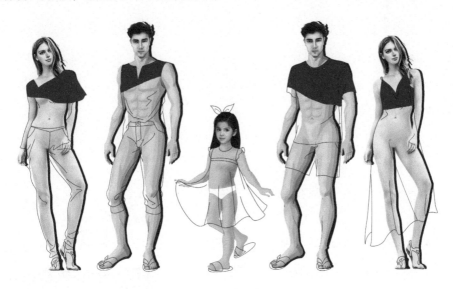

图1-50　深蓝色连续设计效果

## 3. 第三步

如图1-51所示，选择浅一些的蓝色，如宝蓝色继续设计。

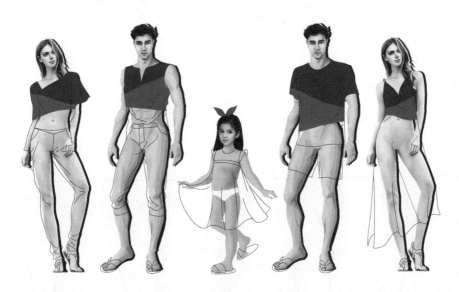

图1-51　浅蓝色连续设计效果

## 4. 第四步

如图1-52所示，按以上方法，将五套服装的色块整体连续设计完成，色彩遵循大海到沙滩的色彩变化，同时也遵循美的艺术创作法则中的渐变，使色彩既丰富又和谐。

图1-52  浅蓝色连续设计效果2

## 5. 第五步

如图1-53所示，在五套服装的不同位置加入各种造型的船、海鸥形象的图案，点明主题，且运用差异性色彩达到点缀色的跳跃效果。

图1-53  "海鸥飞处"系列点缀设计效果

### 6. 搭配整体造型

如图1-54所示，将拖鞋填色并统一调整为中蓝色，增加女士的发带，完成五套系列装的整体造型。

图1-54  "海鸥飞处"系列整体造型搭配效果图示

### 7. 艺术排版

如图1-55所示，根据主题添加背景形象，并以均衡式添加文字，点明主题。

图1-55  "海鸥飞处"系列艺术排版效果

## 8. 系列设计拓展

　　五套注重舒适的家庭版家居服系列设计统一运用大海主题风景，打破五套一起设计的常规方法，每套服装既独立又可以组合成系列，升华了亲子装的内涵。设计创作主要运用了均衡、渐变、对比与统一等设计手法，和谐而富有画面效果，点缀色活跃了整体气氛，视觉上舒适、轻松、有活力、有新意。

　　可以合并部分拼接，以简化工艺手段便于生产，使设计更贴近市场，如图1-56简约版"纸飞机的故事"，还可用PS等绘图软件快速调整配色或其他图案，如图1-57的"撒哈拉的早晨"主题设计。

图1-56　简约版"纸飞机的故事"主题的系列效果

图1-57　　"撒哈拉的早晨"主题的系列效果

# 四、实践案例：加速度

系列定位：新潮、运动、强烈。

主题元素关键词：红＋黄、线条、字母。

根据参考款式及灵感图1-58进行主题构想和艺术系列拓展。归纳主题为"加速度"，运用热血的红配光明的黄，以富有动感、奋进的简约原创图案为设计元素，设计五套春秋季可外穿的运动风家居服。

## 1. 第一套

如图1-59所示，第一款为短款衣、弹力裤两件套。设计整体外轮廓对称，局部造型有不对称设计。以红色和黄色设计原创图案，增加细节、反映主题。

图1-58 "加速度"
参考款式及灵感图

图1-59 "加速度"
系列第一套效果

## 2. 第二套

如图1-60所示，第二套为假两件连衣裙。款式大气，腰部可调节。以黄色为主色，红色线条强调结构区域，采用大面积图案来丰富视觉效果，点明主题。

### 3. 第三套

如图1-61所示,第三套女装设计为连帽衣、高腰裤两件套。延续字母图案元素,在黄色上衣中多处点缀红色来呼应红裤。

### 4. 第四套

如图1-62所示,第四套设计为上衣、假两件裤装两件套。在男装设计简洁大方的基础上,运用单侧袖配色和局部小图案体现新潮效果。

### 5. 第五套

如图1-63所示,第四套设计为连帽上衣、短裤假两件裤装两件套。延续红色为主,黄色搭配局部的设计,将黄色置于胸部和短裤。

图1-60 "加速度" 系列第二套效果　　图1-61 "加速度" 系列第三套效果　　图1-62 "加速度" 系列第四套效果　　图1-63 "加速度" 系列第五套效果

### 6. 调整与搭配

如图1-64所示,将五套服装的顺序穿插调整,使色彩和造型的节奏感更强。加粗深色阴影,使画面更有力度。同时,搭配与主题相关的发带、耳机、运动鞋等,使整体造型完整、理想。

图1-64　"加速度"系列款式整体造型搭配

## 7. 艺术排版

如图1-65所示，根据主题，添加倾斜动感的均衡式背景，用有重量的黑色文字标明主题，达到画面的完整性和艺术气氛。

图1-65　"加速度"系列艺术排版

## 8. 系列拓展设计

总体分析：五套注重新潮感的运动风家居服系列设计以国旗搭配色红、黄来表达"中国速度"主题。运用假两件流行款以及连帽、线条、绳带的新颖设计来体现运动风。五套服装既可在家休闲时穿着，也可外穿运动。用PS等绘图软件快速调整配色或其他图案，如图1-66"加速度配色2"的三种色彩搭配，如图1-67的"绿光"主题。

图1-66　"加速度配色2"系列款式效果

图1-67　"绿光"系列款式效果

# 第二章

# 文胸系列
# 艺术设计

　　文胸是支撑女性胸部的贴身衣物，和内裤配套设计。

　　现代文胸于19世纪末期在欧洲出现。20世纪初，美国年轻女子卡莱西·克劳斯比(Caresee Crosby)用两块手绢和一条丝带制作了无骨撑、裸露腰腹的文胸，成为美国第一件专利文胸。1935年，华纳公司首先采用从A到D的罩杯号型设置。20世纪50年代在双缝纫线中插入鱼骨和胶骨，将下垂的胸部托起、支撑，使其更丰满、高耸和坚挺；20世纪60～80年代，随着材料学的发展，文胸在造型、功能等方面不断地改动和完善；20世纪90年代出现了"内衣外穿"和"透视装"潮流。21世纪，无钢圈内衣、运动内衣广泛流行，随着流行的发展，内衣造型在时装中的应用也越发广泛。

# 第一节
## 文胸分类与艺术风格

# 一、文胸的款式结构

文胸是女性最贴身的衣物，不仅美观，而且有矫型、支撑、完善体形、吸汗、保暖及保洁的功能，常见文胸的结构如图2-1所示。

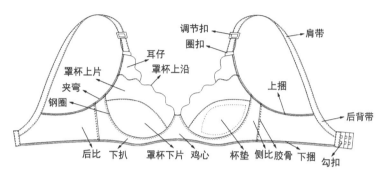

图2-1　文胸各部位名称

（1）勾扣：可以根据下胸围的尺寸进行调节，一般有三排扣可供选择。

（2）后背带：支撑后背的肩带。

（3）肩带：可以进行长度调节，利用肩膀吊住罩杯，起承托作用。

（4）圈扣：连接肩带与胸罩的金属环，也可叫O扣。

（5）调节扣：一般是08扣或89扣配套使用，可调节肩带长度。

（6）上捆：将侧乳收束于胸罩中，使用弹性材料，起到固定作用。

（7）罩杯上片：有保护双乳、改善外观的作用。

（8）罩杯下片：有支撑双乳的作用。

（9）耳仔：连接罩杯与肩带的部位。

（10）罩杯上沿：将上乳覆盖于罩杯中，防止因运动而使胸部起伏太大。

（11）鸡心：胸罩的正中间部位，起定型作用。

（12）侧比：胸罩的侧部，起定型的作用。

（13）胶骨：连接后比与下扒的中间部位，里面一般为胶质材料，起定型作用。

（14）后比：帮助罩杯承托胸部并固定文胸位置，一般用弹性强度大的材料。

（15）下扒：支撑罩杯，防止乳房下垂，并可将多余的赘肉慢慢移入乳房。

（16）下捆：支撑乳房，可固定胸罩的位置，根据下胸围的尺寸确定。

（17）夹弯：靠手臂弯的位置，起固定支撑、收集副乳的作用。

（18）钢圈：一般是金属的，环绕乳房半周，有支撑和改善乳房形状与定位的作用。

（19）杯垫：支撑和加高胸部，根据材质不同可分为棉垫、水垫、气垫。

文胸可以很好地包裹、提升、矫正乳房，文胸的美感设计和结构设计是紧密融为一体的。在视觉艺术上，小而立体的曲线美感、精美的装饰细节、塑造性感魅力等都是设计需要追求和体现的特点。

# 二、文胸的分类

## 1. 按外形设计分

（1）无肩带型，适合穿露肩、露背款外衣，不适于运动，如图2-2中的a款，a款属于一体成型的无缝胸罩。

（2）图2-2中的b款为常见型文胸，长束有稍长下趴，提升矫正效果明显。

（3）休闲运动型文胸，如图2-2中的c款，常为背心式、吊带式，无钢圈，更舒适。

（4）三角形罩杯，如图2-2中的d款。

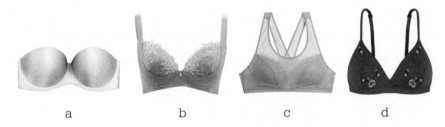

a      b      c      d

**图2-2 不同造型的文胸款式**

## 2. 按包裹程度分

按包裹程度可分为：全罩杯、3/4罩杯、1/2罩杯，如图2-3所示。

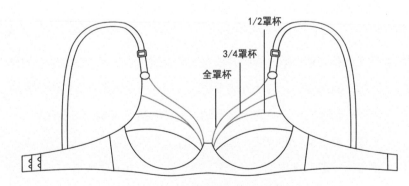

**图2-3 文胸按照覆盖乳房面积分类**

## 三、文胸风格与设计

　　文胸小而贴体的特点，通常要求在设计上强调整体性，不宜运用多种风格元素。文胸的常见风格有简约、清新甜美、经典优雅、个性四种。如同2-4所示。a款为简约风格，在设计上以单色、少装饰为主；b款为清新甜美风格，在设计上以淡雅、清爽为主，运用适量的荷叶边、蝴蝶结等装饰；c款为经典优雅风格，在设计上常用大面积的精致蕾丝或刺绣细节；d款为个性风格，在设计上常用特殊造型、结构或材质。

　　随着人们对新奇与美的不断追求和时装市场流行风的影响，近些年文胸设计风格也逐渐出现运用刺绣的中国风格、简约解构的运动风格、带反光材质的未来风格、外穿的牛仔风格、带铆钉的朋克风格等，也受到消费者的青睐。而且，各个风格之间也没有严格的界限和束缚，可以互相渗透、融合，以衍生出多种艺术风格，满足各类不同消费者的需求。

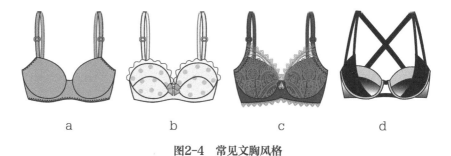

a　　　　　　b　　　　　　c　　　　　　d

**图2-4　常见文胸风格**

# 第二节
# 文胸设计方法

# 一、文胸设计与形式美

## 1. 平衡

如图2-5所示，a款为结构对称、装饰对称；b款为结构对称，装饰均衡；c款为结构不对称，运用色彩达到均衡。

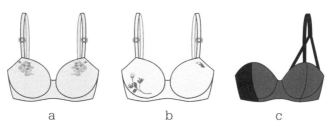

**图2-5 平衡设计图示**

## 2. 比例

如图2-6所示，a款与b款在造型上比例不同，前者轻巧，后者饱满；b款与c款在装饰面积上的比例，前者是丰富隆重的主角，后者是精巧的点缀。

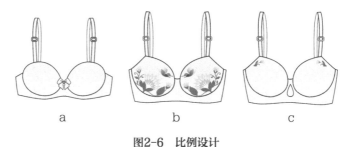

**图2-6 比例设计**

## 3. 齐一与参差

如图2-7所示，a款边缘齐一，b款的流苏排列齐一，呈现规律的秩序美；c款的流苏长短参差不齐，富有不规则的变化美。

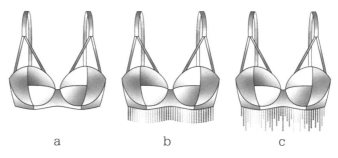

**图2-7 齐一与参差设计**

#### 4. 节奏与韵律

如图2-8所示，a款中的蕾丝在罩杯、鸡心、后肩带的运用在视觉上带来节奏美感；b款中图案按波浪形状连续，形成起伏的韵律美感；c款的荷叶边具有韵律感，肩带、前斜线和下趴线的运用在粗细、方向上都传达了节奏感。

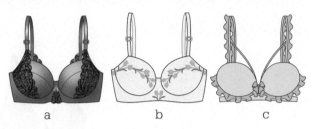

图2-8　节奏与韵律设计

#### 5. 渐变

如图2-9所示，a款为按拼接设计的方法来呈现色彩深浅渐变美感；b款运用亮片从罩杯底向上逐渐稀疏方法来呈现渐变美感；c款除了亮片的疏密渐变，还有流苏的长短渐变，形成了丰富而有秩序的变化美感。

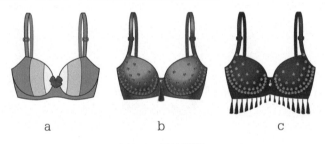

图2-9　渐变设计

#### 6. 主次与对比

如图2-10所示，a款中蕾丝应用以罩杯为主，下趴为辅；b款在造型和色彩搭配上都强调了对比美感；c款在色彩上对比强烈，以绿色交叉领和底边为主，而细黑色装饰线则为次。

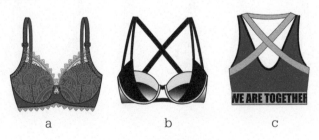

图2-10　主次与对比设计

### 7. 调和与统一

如图2-11所示，a款套装有波点图案、花边、蝴蝶结等元素，细节较丰富，在配色设计上选择与图案中的两种颜色一致，保持整体的统一美感；b款套装以结构分割为特点，运用色块装饰手法，达到统一的拼接效果，在强烈的色相对比的情况下，设计三种颜色相互穿插，形成调和和统一的美感。

a                b

图2-11 调和与统一设计

# 二、文胸设计的原则

文胸设计要求在确保功能的基础上达到造型、花色和细节的美观，以修饰、完善理想女性身材为主旨。

### 1. 款式设计

在文胸的款式设计上，需要灵活运用艺术美的创作法则。由于文胸的面积较小，设计元素发挥空间有限，因此，要常运用主次与对比法则，以罩杯为主的设计，肩带、下趴设计应简约或简单呼应；相反，肩带、下趴或背部等有精彩新颖的设计时，罩杯可做整体、大气的设计。

### 2. 面料设计

在文胸的面料选择上，常选择平整、柔软、亲肤、透气的面料。弹力蕾丝、弹力网纱、弹力花边是文胸的常用面料，可以在符合舒适性的情况下达到美感效果。在选择四方连续图案的面料时，应注意图案个体形象的大小，如个体面积太大，在小面积的文胸上会被裁断，无法表达完整。

### 3. 色彩设计

在文胸的色彩搭配上，常用同色相、近似色、对比色等配色技巧。文胸的面积较小，为避免影响整体性，同一颜色设计较为广泛，其中肤色、黑色在产品中为常用色。图2-12是同一款式设计的不同色彩搭配效果：a款为同种色搭配，即同一颜色的明度差搭配；b款为近似色搭配，黄和橙为色相环上90度内的相近色彩；c款中黄色与蓝色为对比色，与紫色为互补色，达到强烈差别的搭配效果；d款仅为单色运用，更强调整体效果。其中，a款和b款可以达到既有变化，又有联系的对比与统一搭配效果；c款的视觉最丰富；d款则统一感更强。另外，色彩对风格也有一定影响，例如清新甜美一般运用偏浅色、明亮的色彩。

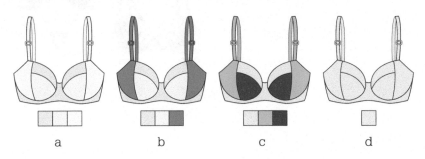

图2-12　同分割不同配色设计

## 三、文胸设计的常用方法

### 1. 罩杯打褶皱

运用打褶皱的方法使面料包裹于立体罩杯上，如图2-13所示，a款在罩杯下部打褶皱，不影响着装效果；b款在鸡心位置做褶皱，也不影响着装平顺；c款在罩杯由外向内包裹，装饰性较强。

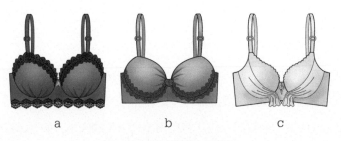

图2-13　褶皱效果应用设计

### 2. 罩杯开省道

开省道是服装中最常用的造型手法之一，即通过在内侧折叠面料，让面料形成隆起或者凹进，达到立体的效果。如图2-14所示，a款是条纹面料在罩杯上做胸下省；b款是蕾丝面料做胸下省，且与下趴分割相连；c款是蕾丝面料做胸侧倾斜省。

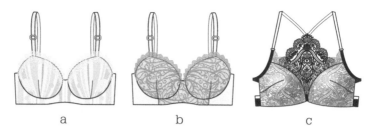

图2-14　不同省道位置效果

### 3. 罩杯分割裁片

分割裁片是源于罩杯结构设计的方法，可安排面积大小、形状区域。如图2-15所示，既可以如a款、c款进行多种颜色的拼合、穿插，也可以如b款保持主色一致，运用撞色强调结构区域。

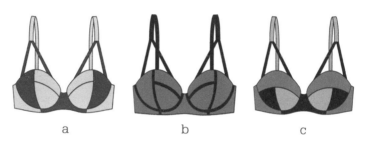

图2-15　分割与色彩搭配设计

### 4. 其他部位设计

鸡心位于正中心，可添加装饰、镂空设计，如图2-13中心位置的吊坠、蝴蝶结等。

文胸的下趴部位，可与罩杯联合设计，如图2-14中的蕾丝装饰、图2-15的装饰线等。

肩带以及背部的设计可以在保证拉力和舒适度的基础上，遵循美的艺术法则来发挥创作，如图2-16中a款的多带配合、b款的装饰带、c款的运动休闲式背带设计、d款的装饰物背部设计等。

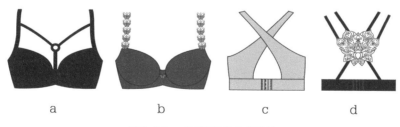

图2-16　不同效果的肩带设计

## 5. 文胸套装设计

文胸套装设计是文胸与内裤配成一套的设计。内裤造型一般包括三角、四角、五角，配合低腰、中低腰、中腰、中高腰、高腰的设计，达到造型上的差异性。如图2-17所示，a款、b款、c款内裤分别为中腰三角、低腰五角和高腰四角。进行套装设计时，一般以文胸为主，在充分考虑美的创作法则基础上，内裤设计选取与文胸一致的配色或其中的色彩，也可运用相关主题元素，达到套装效果。

如图2-17所示，a款的文胸和内裤运用蕾丝的大小、位置来显示主次关系，同色鸡心装饰为点睛设计；b款运用刺绣图案，在文胸和内裤上都采取了均衡式构图，新颖精致；c款内裤配色选择了文胸中的主色，视觉统一感强，同时部分地运用了文胸中的字母装饰，强调和文胸的关系，套装效果明显。

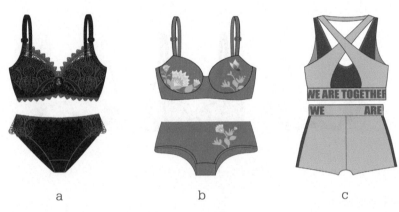

a       b       c

图2-17　文胸与内裤成套设计

## 6. 创意设计

在舞台上比赛或表演的文胸套装设计需要更夸张的创意设计，因此可以选择一些特殊的主题元素，也可增加相关的配件设计，如特殊的造型、不对称结构、较多的带条、金属扣环、流苏、珠串等装饰。如图2-18所示，a款选择了手和心的形象，并延长了其中一根手指作为肩带、裤带，运用不对称的造型、均衡的形式美法则将特殊造型与文

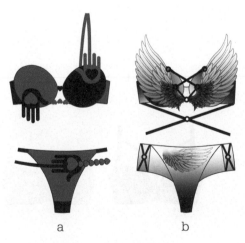

a      b

图2-18　创意文胸设计

胸套装结构融合在一起，利用红、黑色交替设计，凸显强烈的个性；b款利用夸张的羽毛造型、扣环和带条设计的特色文胸套装，以文胸为主，因此三种元素的运用都比较隆重，以内裤为辅，三种元素均有呼应，运用主次与对比法则，使套装重点突出，且整体统一。

第三节
文胸系列
艺术设计的
方法与流程

# 一、文胸系列设计分类

文胸与内裤共同构成女性内衣套装，根据使用范围的差异，可从分为创意类文胸系列、生活类文胸系列。

## 1. 创意类文胸系列

创意类文胸系列设计要让人耳目一新，且系列款式之间有完整性较强的设计效果，是为传达新趋势的创作。创意类文胸系列常见于舞台展示、外穿表演、时装发布、设计大赛、趋势预测等。为达到理想、震撼、整体的舞台效果，款式需多样化、夸张、新奇、不规则，甚至采用一些特殊材料；同时，文胸、内裤的裁片面积较小，在舞台上虽然具有魅力，但缺少张力、视觉冲击和感染力，常加以夸张的头饰、首饰、披肩、鞋靴等外饰配件。最后，在展示时增加富有艺术感的舞台背景效果、音乐等，力求呈现多方位完美的舞台展示效果。图2-19的文胸系列设计"柒蝶"（惠州学院186班罗吉慧、肖晓珊、刘美婷作品）以蝴蝶为灵感来源，文胸与内裤的造型新颖特别，运用较多外饰搭配和较大的外饰设计，在整体造型和主题氛围上带来更强的视觉效果，富有张力和艺术魅力。

图2-19　内衣系列设计"柒蝶"

## 2. 生活类文胸系列

生活类文胸系列主要面向消费者。产品开发设计前，除了参考流行趋势、季节性、最新面料和辅料、最新加工工艺，也要参考市场销售情况。文胸产品系列的设计一般以同一主题的花色面料为基础，款式遵循规则、简洁、舒适、易穿的原则，设计不同的罩杯号型并搭配内裤组成文胸套装，满足消费者对不同尺寸的需求。

创意类和生活类文胸系列产品主要在创新度和市场化方面有一定差别。创意展示类应定位新潮、原创、个性，可出现不规则造型、明显的流行元素、定位印花、刺绣、局部面料再造等工艺。生活类应充分考虑产品定位、季节性、实穿性特点和市场销售情况，按需求分配好产品需求，加工简洁方便，尤其大批量生产的产品。

创意展示类的文胸可以通过艺术化方法中的缩减转化，使夸张、复杂的设计成为可批量生产的文胸产品。例如，合并或规律化文胸结构、减少装饰物、立体造型平面化、图案化等。同时，常规的文胸产品通过加装饰、加结构、不规则化结构、加首饰、加披肩等，可以达到更有视觉冲击的整体搭配。例如，品牌内衣的现场发布会需要的舞台效果。

如图2-20所示，同样以"云"为主题元素，运用艺术设计方法将云朵设计成可爱的形象，配以清新的色彩，应用到文胸套装上。其中a款的造型独特、夸张新颖、主题突出，同时制作周期长，受众面窄；b款结构简洁大方、穿着方便、制作快速、受众面广。不同定位的系列设计可参考两者的差异，进行产品设计。

反复练习系列装中同一主题下差异性设计，有利于训练在系列设计中隆重与简约、夸张与收敛的把握能力，加强对系列节奏感和对比感的调整能力，以及对流行元素不同程度的吸收能力。

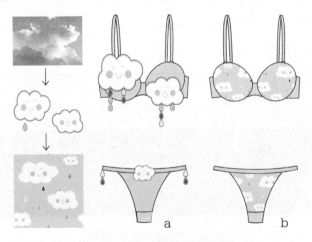

图2-20　同一主题的差异性设计

## 二、第一套设计

主题灵感以及定位确定后，第一套文胸的款式、色彩、面料、细节手法对系列拓展有着重要影响，主题元素设计尽量专一，要主次分明。运用创作的形式美法则、呼应等设计手法，使设计丰富而整体。例如，有多色图案的罩杯面料再装饰蕾丝，蕾丝颜色应与面料中的某色一致。

## 三、文胸系列款式拓展设计

文胸套装的系列设计多以罩杯差异为主。在不脱离主题的情况下，尽可能让文胸和内裤的外轮廓和内分割设计有所差别，以达到对比美感。同时，在肩带、下趴、侧比、背部的造型上也要有所区分。

以五套文胸套装为例的设计，可安排一个全罩杯、一个1/2罩杯、一个3/4罩杯、一个三角杯、一个不对称造型。如图2-21所示，全罩杯款设计为三片分割有肩带、常规下趴，1/2罩杯款设计为纵向分割、无肩带、宽下趴，3/4罩杯款设计为横向分割、有肩带、无下趴，三角杯设计为省道、背部交叉带、宽下趴，不对称造型设计为特殊造型模杯、不对称肩带、常规下趴、带式侧比。每款在各个部位造型都有所差别，体现创新感和对比效果。不对称款出现在创意展示的舞台；实际产品开发的系列中可重复罩杯造型，在带、下趴、装饰等做差异设计。

图2-21　文胸款式拓展设计

在设计内裤时，首先考虑对应文胸的款式造型，分别设计三角裤、四角裤、平角裤、T字等不同款式，还可以用高腰、中腰、低腰来达到差异效果。也可以运用创作美的法则与不对称的文胸呼应均衡式造型效果，如图2-21中的内裤设计。在系列文胸套装中，可按整个系列的节奏美效果调整文胸和内裤之间的搭配，达到整体理想效果。

## 四、文胸系列色彩设计

系列文胸的色彩设计需要参考流行趋势的色彩和面料信息，遵循对比与统一的创作美法则，运用呼应等设计手法。在造型创意感强的情况下，运用单一色彩，可以表达色彩本身的美感和魅力，如黑色的神秘、粉色的甜蜜、浅绿的清爽，也能突出造型的整体性和简约美。但常规款式的文胸和内裤套装产品仅用一种色彩时会显得单调，如图2-22所示，应增加色彩搭配或选择图案面料使效果丰富起来。

图2-22　系列文胸的色彩设计

系列中的色彩搭配要在多套之间互相呼应，可在色相、明度、纯度的差异大小上控制对比的强弱，差异大则对比效果强，反之则弱。具体可先遵循节奏与韵律美的创作法则，分别安排不同颜色在每套服装不同位置的占比，再整体观察效果，运用主次法则、呼应手法检测并调整分出主次色彩，达到对比与统一的理想效果。

### 1. 图案色彩呼应

不同色彩搭配或有图案的色彩搭配具有对比效果，可运用呼应手法控制整体联系。图2-23是与图2-24同样结构的双拼色设计，玫粉色上的波点图案色彩与拼色的深紫色相一致，使配色既对比又呼应，达到丰富而和谐的视觉效果。由于系列文胸套装存在多个分割，尽量避免相同结构的相同配色，如图2-23中a款和d款罩杯分割相似，但色彩搭配相反；四款肩带的色彩设计不同；e款文胸和内裤在色彩上的均衡设计等。如图2-24，即使有两种条纹图案，但由于配色之间有联系，依然保持了明显的系列感。另外，在同色不同料的应用设计中，如面布和肩带，应尽量避免色差。

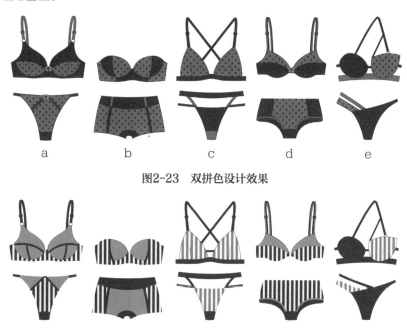

图2-23　双拼色设计效果

图2-24　两色条纹设计

## 2. 系列色彩的节奏

多色搭配的对比变化和反复呼应共同构成了色彩的节奏感。

无彩色系理智、冷静，可平衡绚丽的颜色。如图2-25所示，黑、白、绿三色分配位置不同、主次分明、大小交错，在视觉上对比强烈而和谐。系列设计的色彩并不要求必须每套配色都完全一致，可增加少量变化元素，以强调新奇感或整体感。图2-26中的五套设计，有四色搭配，有以绿色为主的搭配，有以黑色为主的搭配，在整体中加入少量蓝色点缀，达到新奇、丰富的色彩变化，整系列色彩更具有节奏感，多了些视觉上的起伏变化。

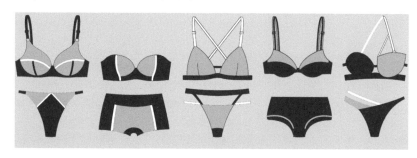

图2-25　三色配色设计

图2-26　四色配色设计

有彩色系的多种配色由于色相丰富而易显花乱，更需要注意系列的整体性。一般不宜超过三种颜色或其他色彩的图案。图2-27中的三色搭配虽有对比，但纯度都较低，具有和谐感。图2-28的粉、紫两个主色对比较强，橙色作为点缀色小面积应用，既活跃了主色又不喧宾夺主，达到整体、大气、有节奏的美感效果。

图2-27　和谐感效果的三色搭配

图2-28　对比较强效果的三色搭配

## 五、文胸系列的细节设计

文胸系列的细节设计应遵循主题要求，从各种装饰花边、各种肩带、弹力带、定制刺绣、绣片、布贴、蕾丝、弹力纱网、背部专用蕾丝、环扣、吊坠、蝴蝶结等辅料进行选择，也可从抽褶、叠褶、包边、压烫、印花等工艺方面入手。细节设计在系列中以不同大小、不同方向、不同数量，甚至不同形式出现在不同位置；多种细节的情况一般要分清主次，调节好多个细节之间的关系，达到新颖而有节奏韵律的视觉效果。

图2-29系列主题为"暗月呢喃"，主题风格是以花鸟为主的中国风。在细节设计上以花鸟刺绣手法为主，加以少量的蕾丝、流苏、弹力纱和撞色线装饰。细节设计的位置、大小、数量、方向等均有不同的安排，即使每套文胸搭配得当，又使系列款式之间的视觉效果在变化中和谐统一，突出主题。丰富、精巧的刺绣是设计亮点，在大面积的暗紫色调下，花色细节丰富、细致而不失整体系列美感。

图2-30的系列主题为"繁简相依"，主题风格是内衣中常见的经典优雅风。细节主要体现黑色图案蕾丝，在浅色对比下显得极为丰富、精美；再搭配蕾丝花边、蝴蝶结、吊坠等配饰设计，使设计更加丰富。

图2-29　"暗月呢喃"系列款式效果

图2-30　"繁简相依"系列款式效果

## 六、文胸系列的图案设计

系列主题常带有一定的概括性和少许抽象性，而图案则有明确的风格定位。图案是古老的艺术形式，具有自身的风格特点，因此，在设计中常起着主导主题的作用。内衣系列设计在造型面积上发挥有限，图案的主导作用更加明显。图2-31内衣系列"水云渡"的图案是山水国画，晕染的远山轻舟色调素雅沉静、笔墨浓淡相宜。在系列中选取不同的构图效果，加薄纱的部分也烘托了烟云袅袅的气氛，体现了诗意朦胧的主题意境。图2-32的主题为"喜为凰"，与图2-31的款式基本相同，也同为中国风的设计，但因主题图案的不同而呈现了吉祥喜庆效果。图2-33

则因为字母图案而展示出现代波普风格。

图2-31　"水云渡"系列款式效果

图2-32　"喜为凰"系列款式效果

图2-33　"扭动的ABC"系列款式效果

# 七、文胸系列的拓展设计

在文胸造型、色彩、结构和细节元素的设计中，应注意元素之间、款式之间的关系，既有联系也相互制约。当造型非常独特、新奇或繁复时，色彩尽可能统一、相近或主次分明；当色彩丰富，尤其对比强烈的时候，造型结构和细节手法应尽量简洁一致；在细节丰富、手法多样的情况下，造型结构不宜太复杂，色彩则尽量近似或统一。总之，形、色、饰要分清主次，系列设计在拓展多套后应排列在一起，加上配饰、道具等进行统一调整。无论在舞台展示、穿搭示范，还是产品陈列上，都应遵循以上规律进行文胸系列的整体设计和造型设计。

# 第四节
## 文胸系列
## 设计实践

# 一、实践案例：冬日之约

系列定位：精美、隆重、对比、新颖。

主题元素关键词：精美蕾丝、撞色、细节。

根据参考款式及灵感图2-34进行主题构想和艺术系列拓展，冷蓝色代表冬日，明黄代表暖阳，选择精美的蕾丝和撞色搭配作为主要设计元素，蕾丝花边中有雪花的形象，将主题设计升华。

## 1. 第一套

如图2-35所示，此款奠定了本系列的设计手法。文胸：1/2罩杯、蓝灰搭配、花边肩带、鸡心饰雪花、宽下扒。内裤：小三角加带款、大面积撞色蕾丝。

图2-34 "冬日之约"
参考款式及灵感图

图2-35 "冬日之约"
系列第一套效果

## 2. 第二套

如图2-36所示，文胸：3/4罩杯、蓝主色、大面积蕾丝文胸＋网纱、蕾丝肩带、撞色鸡心、窄下扒。内裤：大三角加带款、黄色为主、点缀灰色、搭配细节蕾丝。

### 3. 第三套

如图2-37所示，文胸：三角罩杯、黄色为主、蓝色雪花饰边、蓝色居中肩带、无鸡心、窄下扒、大面积腰部蕾丝装饰。内裤：灰色为主、饰小面积黄蕾丝。

### 4. 第四套

如图2-38所示，文胸：1/2罩杯、蓝灰搭配、雪花边装饰、无肩带、雪花加镂空鸡心、无下扒。内裤：四角款式、灰色加蓝蕾丝。

### 5. 第五套

如图2-39所示，文胸：3/4罩杯、蓝色为主色、灰色与黄色为点缀色、灰肩带、鸡心及下扒位装饰连续蕾丝。内裤：四角款式、灰色加蓝蕾丝。

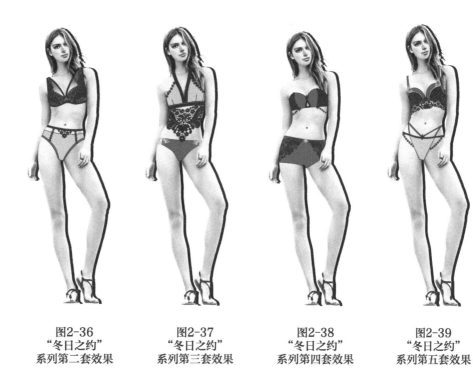

图2-36
"冬日之约"
系列第二套效果

图2-37
"冬日之约"
系列第三套效果

图2-38
"冬日之约"
系列第四套效果

图2-39
"冬日之约"
系列第五套效果

### 6. 系列调整

图2-40中的真人着装效果，将五套一起排列，检查款式造型、色彩及装饰细节的美感形式是否理想。

图2-40　"冬日之约"系列效果

## 7. 搭配整体造型

为使内衣系列更有张力和层次，打破内衣面积小且贴身的局限，可增加服装、服饰配件、道具等。如图2-41所示，根据主题定位增加了面具、长手套、丝袜、纱质长裙摆和罩衫，使穿着效果更丰富，也更适合舞台表演。

图2-41　"冬日之约"系列整体造型搭配效果

## 8. 艺术排版

为使设计画面更完善，可根据主题添加适当的背景，增添艺术效果、烘托主题气氛。如添加英文名、雪花和倒影（图2-42）。

图2-42　"冬日之约"系列艺术排版效果

## 9. 系列设计拓展

　　五套内衣套装设计系列感强，每套罩杯、内裤款式新颖且各不相同，在色彩和细节上又互相穿插、呼应，蕾丝尽显精致、性感。利用手套、罩衫、面具等配件强化主题，达到完整的对比与统一的形式美感。用PS等绘图软件设计其他图案和配色，图2-43的主题为"夜色凌霄"。

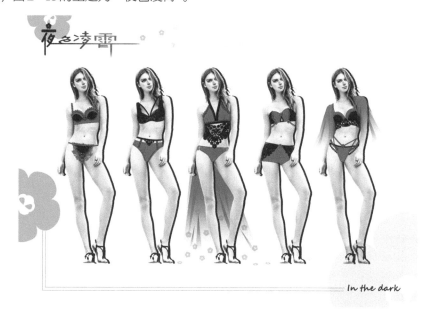

图2-43　"夜色凌霄"主题系列效果

## 二、实践案例：臆想镜

系列定位：精致、性感、靓丽。

主题元素关键词：渐变绿、光泽、蝴蝶结、褶边。

根据参考款式及灵感图2-44进行主题构想和艺术系列拓展，选择蓝绿色调，代表无限的臆想，原创碎片式图案及光泽感面料表达各种角度折射的镜片。蝴蝶结、透明面料、花边的细节运用，增添了一抹女性灵动的靓丽。

### 1. 第一套

如图2-45所示，此款奠定了本系列设计的具体手法。文胸：1/2拼色罩杯、拼色搭配、鸡心等多处饰蝴蝶结装饰、无下扒。内裤：三角、镂空、图案面料、蝴蝶结。

图2-44　"臆想镜"
系列参考款式及灵感图

图2-45　"臆想镜"系列
第一套效果

### 2. 第二套

如图2-46所示，文胸：3/4罩杯、渐变色搭配、鸡心空、无肩带、超宽图案下扒。内裤：小三角组合、单色面料、蝴蝶结、花边。

### 3. 第三套

如图2-47所示，文胸：全罩拼色杯、拼色搭配、无肩带、双肩带、宽下扒。内裤：三角、拼色、蝴蝶结。

### 4. 第四套

如图2-48所示，文胸：三角单色罩杯、V肩带、无下扒且饰花边。内裤：高腰四角、拼色透明、图案面料。

### 5. 第五套

如图2-49所示，文胸：3/4拼色罩杯、V肩带、无下扒且饰花边。内裤：高腰、低腰五角、拼色、褶边、蝴蝶结。

图2-46 "臆想镜" 系列第二套效果 图2-47 "臆想镜" 系列第三套效果 图2-48 "臆想镜" 系列第四套效果 图2-49 "臆想镜" 系列第五套效果

## 6. 系列调整

如图2-50所示的真人着装效果，将五套一起排列检查款式造型、色彩及装饰细节美感形式是否合理。

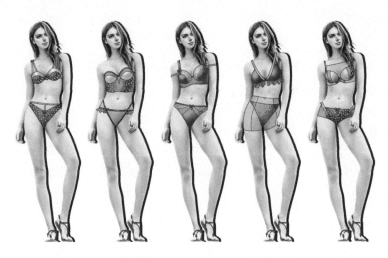

图2-50 "臆想镜"系列款式真人着装效果

## 7. 搭配整体造型

搭配耳环、纱裙等配件，使整体造型更完整，如图2-51所示。

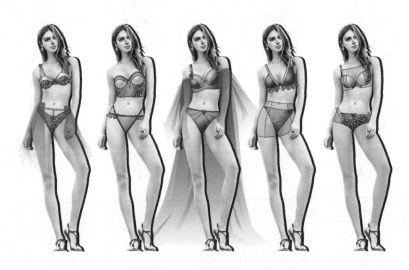

图2-51 "臆想镜"系列款式整体造型搭配效果

## 8. 艺术排版

加上主题名称以及浅淡的原创镜片图案，再将画面下部做同色倒影，突出主题"镜"，完善画面效果，如图2-52所示。

图2-52 "臆想镜"系列款式艺术排版效果

## 9. 系列设计拓展

五套内衣套装设计系列感强，光泽面料更显立体效果。每套在罩杯、内裤上款式设计造型新颖、拼色各不相同，在细节上又互相穿插、呼应。多处透明面料的运用增加了性感意味。此设计可直接作为面向市场的产品，用PS等绘图软件调整其他图案和配色，图2-53的主题为"星河璀璨"。

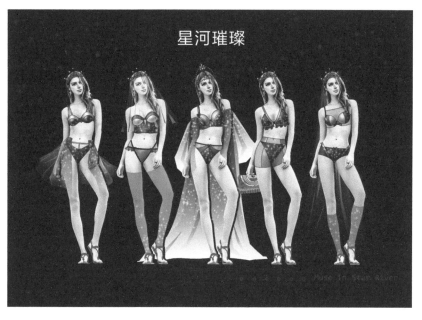

图2-53 "星河璀璨"主题的系列效果

# 三、实践案例：无色之魅

系列定位：外穿、前卫、性感。

主题元素关键词：黑+银、光泽、蕾丝、网、外搭。

根据参考款式及灵感图2-54进行主题构想和艺术系列拓展，设计以黑色、银色为主，白色为辅搭配色。全系列未用彩色，旨在表达无彩色系的魅力。银色质感与黑色形成更鲜明的对比，新潮的款式造型及外穿搭配体现前卫风格，蕾丝运用增添了性感意味。

## 1. 第一套

如图2-55所示，此款奠定了本系列设计的具体手法。文胸：三角罩杯、银色纵向线、宽下扒加蕾丝。内裤：三角镂、银边、蕾丝。

图2-54 "无色之魅"
系列参考款式及灵感图

图2-55 "无色之魅"
系列第一套效果

## 2. 第二套

如图2-56所示，文胸：1/2圆罩杯、加多带、窄线下扒。内裤：低腰五角、蕾丝、拼色。

### 3. 第三套

如图2-57所示，文胸：异形罩杯、蕾丝、鸡心加带加蕾丝、宽下扒。内裤：中腰三角、蕾丝、拼色。

### 4. 第四套

如图2-58所示，文胸：1/2罩杯、不对称线装饰、无下扒。内裤：中低腰四角、拼色、装饰线。

### 5. 第五套

如图2-59所示，文胸：3/4罩杯、渐变拼色、穿插下扒、蕾丝。内裤：中腰三角、蕾丝、镂空。

图2-56
"无色之魅"
系列第二套效果

图2-57
"无色之魅"
系列第三套效果

图2-58
"无色之魅"
系列第四套效果

图2-59
"无色之魅"
系列五套效果

### 6. 系列调整

如图2-60所示的真人着装效果，将五套内衣搭配衬衫、网衫、皮夹克等效果，并一起排列检查款式造型、色彩及装饰细节的美感形式是否理想。

图2-60　"无色之魅"系列款式真人着装效果

## 7. 搭配整体造型

根据主题搭配皮帽、大耳环、包包、裤袜等配件，使整体造型更完整、主题更突出，如图2-61所示。

图2-61　"无色之魅"系列款式整体造型搭配效果

## 8. 艺术排版

运用内衣的主要配色设计主题名称，并将背景处理为简约的T台造型效果，以突出主体内容，使画面完整、具有空间感、主次分明，如图2-62所示。

图2-62 "无色之魅"系列款式艺术排版效果

### 9. 系列设计拓展

五套内衣套装设计主体鲜明,紧跟潮流,系列感强。罩杯、内裤造型新奇,个性突出。多种服装类别的搭配和谐且前卫,表达时髦的内衣外穿效果,酷感十足,同时用蕾丝增添一种女人味。此设计可直接作为面向市场的产品,可用PS等绘图软件设计其他图案和配色,图2-63的主题为"Denim Carnival"。

图2-63 "Denim Carnival"主题的系列效果

# 四、实践案例：雪香兰之吻

系列定位：唯美、轻柔、浪漫。

主题元素关键词：渐变绿、光泽、蝴蝶结。

根据参考款式及灵感图2-64进行主题构想和艺术系列拓展，选择具象的雪香兰花瓣造型及轻柔配色作为主要元素，多处进行装饰花朵、花边设计，尽显美好和浪漫情调。

## 1. 第一套

如图2-65所示，此款奠定了本系列设计的具体手法。文胸：3/4层次罩杯、蕾丝边、辅助带、花边装饰鸡心、罩杯底等位置、无下扒。内裤：中腰三角、蕾丝边、拼色。

图2-64 "雪香兰之吻"
系列参考款式及灵感图

图2-65 "雪香兰之吻"
系列第一套效果

## 2. 第二套

如图2-66所示，文胸：1/2罩杯、包边、花朵装饰、蕾丝边下扒。内裤：低腰平角、蕾丝边、拼色、花朵装饰。

### 3. 第三套

如图2-67所示，文胸：3/4拼色罩杯、蕾丝边肩带、宽下扒。内裤：加带饰低腰三角、蕾丝边、拼色。

### 4. 第四套

如图2-68所示，文胸：三角罩杯、花朵肩带、撞色边、下扒窄蕾丝边。内裤：高腰四角、花朵装饰。

### 5. 第五套

如图2-69所示，文胸：全罩拼色杯、撞色双肩带、花朵装饰、宽下扒。内裤：中腰平角、拼色、花朵装饰。

图2-66
"雪香兰之吻"
系列第二套效果

图2-67
"雪香兰之吻"
系列第三套效果

图2-68
"雪香兰之吻"
系列第四套效果

图2-69
"雪香兰之吻"
系列第五套效果

### 6. 系列调整

如图2-70所示的真人着装效果，将五套一起排列检查款式造型、色彩及装饰细节的美感形式是否理想。

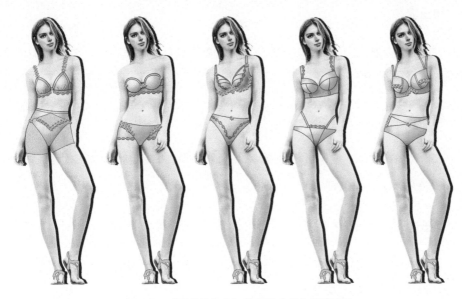

图2-70 "雪香兰之吻"系列款式真人着装效果

## 7. 搭配整体造型

根据主题搭配花朵头饰、披肩、纱裙等配件，使整体造型更完整、主题更突出，如图2-71所示。

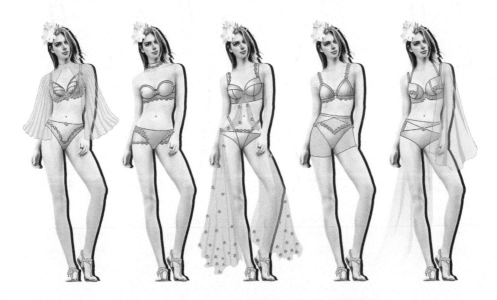

图2-71 "雪香兰之吻"系列款式整体造型搭配效果

## 8. 艺术排版

根据主题选择雪香兰图片作为背景并利用软件做适当模糊，以突出主体；设计中英文主题名并运用相同配色，使画面更完整，如图2-72所示。

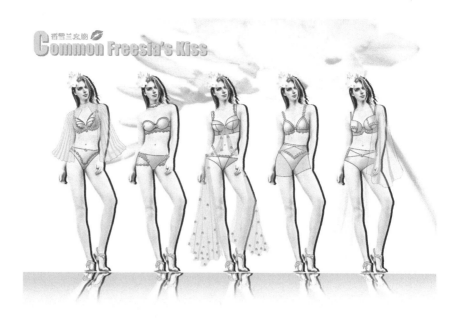

图2-72 "雪香兰之吻"系列款式艺术排版效果

## 9. 系列设计拓展

五套内衣套装设计系列感强，罩杯、内裤造型多变，撞色且明度相近，有光泽感，使画面明亮且柔和。多处细节配饰、整体造型丰富、完整、和谐，渲染了唯美浪漫的主题气氛，仿佛可以闻到雪香兰的香气。此设计可直接作为面向市场的产品，可用PS等绘图软件设计其他图案和配色，图2-73的主题为"莫兰迪&迷迭香"。

图2-73 "莫兰迪&迷迭香"主题的系列效果

# 第三章

# 泳装系列
# 艺术设计

泳装是指在水中或海滩活动时的专用服装，也用于模特比赛或选美时展示形体。泳装是可外穿的最小服装，拥有着与人体体态最密不可分的独特魅力。

泳装款型的发展主要有四个突出的阶段：

（1）包裹大部分身体的贴体款；

（2）20世纪初男子穿泳装短裤；

（3）20世纪20年代法国妇女穿紧身连裤泳装；

（4）1946年，比基尼装开启了其虽有争议但势不可挡的流行，并影响至今。

现代泳装已经在款式风格、花色图案、面料性能、工艺技术等方面都有了明显改善，各类泳装大赛或品牌展示使泳装设计不断推陈出新，引人瞩目，泳装及其外饰设计产品越发系列化、个性化。

# 第一节
# 泳装分类与
# 艺术风格

# 一、泳装特点与分类

泳装在功能和审美方面均具有不同于其他服装的特点。功能上，泳装必须贴体以减少阻力，因此最好选择有弹性、柔软的面料，再用弹性线缝制。审美上，泳装是最显示身材的服装，与人体美高度融合，并可通过泳装造型设计修饰身材，使体态效果更理想。

泳装按款式可分为一体式、两截式、三点式（比基尼），如图3-1所示。具体的经典款式有：常见筒式泳衣、平角式泳衣、高腰式泳衣、裙摆式泳衣、大V领连身泳衣、分体式泳衣、比基尼泳衣等。

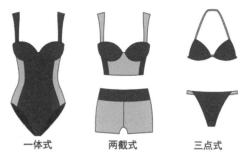

一体式　　　　两截式　　　　三点式

图3-1　泳装款式分类

# 二、泳装风格与设计

泳装风格包容性很强，没有局限。在强调创新、创意的泳装大赛或展演上，泳装的艺术风格包罗万象，有原创图案的艺术风格、造型独特的前卫风格、裁片穿插组合的解构风格。常见泳装产品的艺术风格有简约几何风、运动风、科技风、浪漫唯美风、可爱风、中国风等。不同风格之间也可以有一定的结合、渗透，共同设计。如图3-2所示，a款设计仅大面积色块，为简约几何风；b款造型为运动风，加入带有一定科技感的图案；c款的荷叶边、褶边和花朵图案传达着浪漫与唯美；d款的图案和心型元素洋溢着可爱气息。

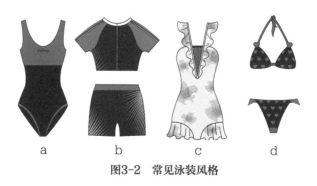

a　　　　b　　　　c　　　　d

图3-2　常见泳装风格

# 第二节
## 泳装设计方法

## 一、泳装设计与形式美

### 1. 平衡

泳装产品多为对称设计，符合人体结构，体现稳定、朴实、大方的美感。如图3-3所示，a款从外轮廓到内结构都是对称形式，平衡、稳定；b款造型上是左上的凹进和右下的凹进，白色褶边线条的装饰方向互相对立、拉扯和制约，达到相对平衡的新颖效果；c款扣环以及垂褶的不对称，在右上、左下的安排下也相对平衡，追求特别的变化效果。

**图3-3 平衡设计**

### 2. 比例

不同长短、大小的比例设计可以使泳装传达不同的美感，甚至于影响泳装风格。如图3-4所示，在同样的V领、玫瑰色、荷叶边的设计要素下，V领长度比例差异的变化产生不同的视觉效果。a款为常规V领，整体正统乖巧；b款为加长V领，在整体感中带有一些小性感；c款V领长到胸下，加白线后纵向达到0.618的黄金比美感；d款V领长至肚脐，大胆新奇。同时，每款的白色线粗细比例也影响了泳装的美感及风格。细线运用保持整体，稍作装饰体现精致；粗线运用强调对比，大气鲜明。d款胸口的横向白线与V型白线粗细比例设计，达到主次有别的视觉效果。

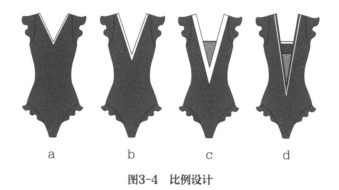

**图3-4 比例设计**

款式造型的分割比例会影响泳装配色，占面积大的色彩为主色，是视觉第一印象。图3-5中展示的是同款不同配色的差异，a款、b款的主色分别为咖啡色、橙色，c款以花色为主色，在简约运动的基础上增添了田园的清新感受。

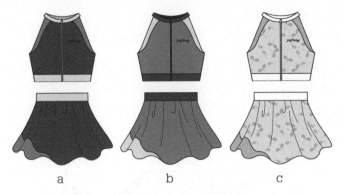

a　　　　　　b　　　　　　c

图3-5　不同比例换色设计

### 3. 齐一与参差

齐一的运用如图3-6中的a款，在结构边缘、结构排列上整齐划一，同一元素反复出现达到有力且和谐的视觉效果；b款在胸下、后颈、裤侧所应用的流苏，长短不同，变化不一，强化了此款泳装自由洒脱的民族风。

a　　　　　　b

图3-6　齐一与参差设计

### 4. 节奏与韵律

节奏的运用如图3-7中的a款，面与线的组合安排、大小形状不同的镂空、金属扣环的位置构成了节奏美感。韵律的运用如图3-7中的b款，分割的曲线起伏连绵，配色鲜明，加上动感的自然垂褶，充分表达韵律美感。

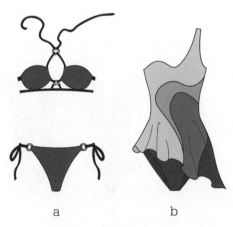

a　　　　　　b

图3-7　节奏与韵律设计

## 5. 渐变

渐变的运用如图3-8所示，a款为颜色渐变；b款为图案疏密渐变；c款为荷叶边从大到小的造型渐变。

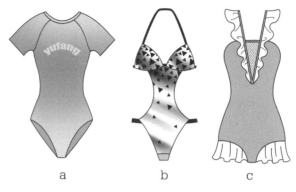

图3-8　渐变设计

## 6. 主次与对比

主次使多种元素有条理、和谐，对比强调差异性，二者相辅相成。如图3-9所示，a款的脸谱图案面和黑色不规则面形成对比，从内容和面的层次安排上都可以看成图案面为主，黑面为辅；b款男士泳裤的设计点分别是图案和装饰线，从内容、面积、色彩对比等方面可见图案为主，装饰线为辅；c款的多处交叉线设计，腰部的集中排列为主，颈部为辅。因此，设计元素多的情况下，分出主次元素有助于调整出对比下的和谐感。

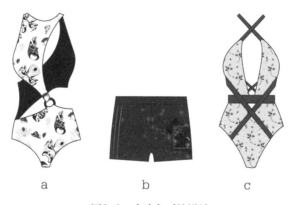

图3-9　主次与对比设计

## 7. 调和与统一

调和与统一是在款式造型、色彩或装饰细节上的呼应。如图3-10所示，a款在色彩、图案上的呼应，使套装效果明显；b款童装除了在色彩上的呼应调和，还有裙摆的线条设计呼应上身的条纹效果，达到统一和谐；c款童装设计重点为立体装饰图案海马，泳衣的大面积色彩与海马身上色彩形成对比，重点突出，多处的小面积色彩呼应衣身上的配色，调和成既有变化又协调的效果。

图3-10　调和与统一设计

## 二、泳装设计的原则

泳装设计是在保证贴体、完成人体必要包覆的基础上进行创新。

设计要体现胸、腰、臀的曲线美感，因此常运用强调胸部、臀部造型，与腰部对比形成曲线美感。在进行创新设计时，需要注意人体躯干纵向、横向围度拉力的合理性，以保证围度拉伸且贴体。泳装背面的设计空间相对较大，尤其背部可以裸露，可进行不同大小的U字、镂空，或系带、交叉带、拼合等造型设计，成为整套泳装的亮点；不规则造型需要注意前后连接处的位置、方向。如图3-11所示，a款大U字以及波点蝴蝶结是其亮点；b款的正背面在造型和图案上都连续相接。

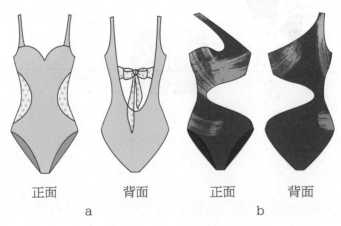

正面　　　　背面　　　　正面　　　　背面
a　　　　　　　　b

图3-11　泳装造型设计

# 三、泳装设计的常用方法

## 1. 外轮廓造型设计

泳装的外轮廓设计以连体款为例说明，腰部必须是收腰设计，设计变化集中在领、袖、裙摆或裤脚等结构部位。如图3-12所示，a款运用插肩袖，外轮廓为T型；b款裙摆添加设计，强调曲线变化，外轮廓为X型；c款在整体造型和用色上强调修长造型。

图3-12 泳装外轮廓设计

## 2. 内结构分割线设计

泳装的内结构分割可从服装结构、装饰结构两个角度进行设计。

服装结构先考虑裁片缝合成型，装饰结构先考虑美感与创新。如图3-13均为按服装结构的内结构分割，a款选择同一面料，强调整体简约；b款在同一面料基础上用不同色线进行装饰或缝合，在整体的基础上增加视觉活跃效果；c款运用不同面料表现分割变化效果，反复穿插墨绿与浅灰，强调对比与呼应。

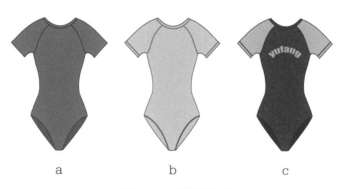

图3-13 泳装结构分割

### 3. 装饰结构设计

图3-14均为装饰结构设计，a款按人体结构及包覆要求分割并部分运用网格面料形成对比；b款为不规则的装饰分割，分割线在轮廓内自由游走，美感、艺术感强；c款的分割设计具有明显的创新实践精神，人物发际线的造型属于插肩袖的变款，人物的眉毛、鼻子、眼睛分割也属于非常规的位置，需要反复调整纸样以达合体，眼皮的渐变色微妙有趣，整体创意十足，个性鲜明。但多处非常规的分割，使制作难度升级，如果作为产品开发，可选用定位印花图案的制作工艺来达到类似效果。

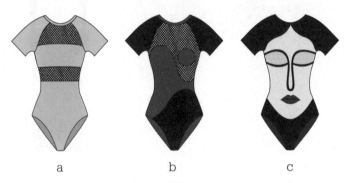

图3-14　装饰结构设计

### 4. 泳装视错觉设计

视错觉是人们观察物体时，由于物体受到形、光、色的干扰，加上人们的生理、心理原因而误认物象，会产生与实际不符的判断性视觉误差。泳装是最能展现人体美感的服装，泳装设计可以利用错觉美化人体。点、线、面的构成排列可以使人产生错觉。如图3-15所示，a图是同样造型的不同排列，上图收缩，下图膨胀；b图是曲线排列出的组合图，有膨胀和收缩的立体错觉；c图左裙的纵向分割有瘦身、收腰的视错觉，而右裙的水滴形分割则使腰腹部显得膨胀。

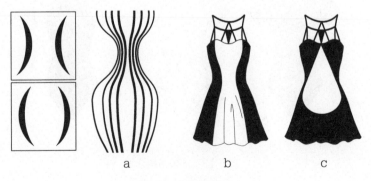

图3-15　视错觉设计

颜色的冷暖也有热胀冷缩、浅涨深缩的特质。如图3-16所示，同款泳装裙，红色比蓝色膨胀；黑色比白色显瘦。

图3-16　同分割不同配色应用设计

如图3-17所示，a款腰间线条交叉集中，有聚拢感，达到一定的收腰视错觉效果；b款胸部线条有膨胀球体错觉，可以达到丰胸视错觉效果；c款除胸部视错觉外，裙身的纵向分割有显瘦视错觉，尤其黑色部分鲜明地强调出曲线变化。

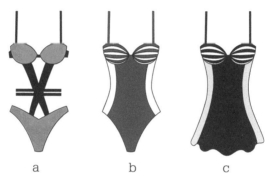

a　　　　　　　b　　　　　　　c

图3-17　线条设计

### 5. 图案花色设计

图案花色本身具有主题风格和艺术魅力，也是影响泳装产品设计效果的要素。如图3-18所示，图案的内容及表达形式分别是清新浪漫的田园风、趣味化的可爱风、带有艺术感的几何风，图案应用在泳装设计上也使泳装具有这些风格。

图3-18　不同风格花形图案的泳装

通过排列、配色等方法可以使原有图案形成不同的风格。如图3-19所示，a款是带有莫兰迪配色的后现代艺术；b款是点与面组合的几何风；c款是飘带组合的中国风。如图3-19所示，a款将底色换成黑色，使原本淡雅、冷清的莫兰迪色变成了强对比的效果，带有明显的浓重感；b款将图案颠倒连续排列，增加了趣味感，加之泳装款式的设计，整体传达出动感、可爱感；c款将底色换成黑色，调整了飘带的配色，使之看起来宛如敦煌壁画中飞天的艺术美感和神秘感。

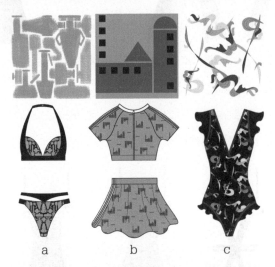

图3-19　不同风格图案与款式造型结构关联设计

图案的原创性可提高泳装创意效果。如图3-20所示，将原创的单独纹样头像组合成四方连续图案并设计泳装，可通过数码印花的工艺方法印出面料，制作泳装产品。

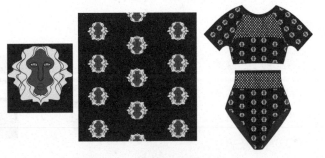

图3-20　图案四方循环设计

图案在泳装中的构图形式也可以提高设计的新颖感。如图3-21所示，同样以图3-20的单独纹样为例，a款泳装只选用了图案中的部分头发，用均衡式设计方法放在裙式泳装上，抽象而艺术；b款将头像图案分别放在两侧，正面只看到两个对称的侧面，突出且独特；c款将头像图案最大化应用，在不对称、不规则的外轮廓下被自由剪切，新奇且不拘一格。

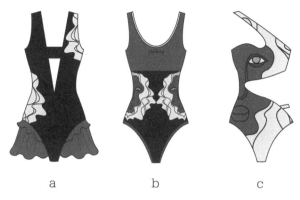

a       b       c

图3-21　图案创意应用设计

## 四、泳装套装设计

泳装套装设计还包括泳帽、外饰，在主题风格、图案花色方面的设计与泳装保持一致或呼应。如图3-22所示，泳装的正、背面均是运用同一渐变花色面料，泳帽的色彩选取渐变色中的一种，其标志也与主面料的英文图案一致。

如图3-23所示，泳装的正背面、泳帽以及透明的薄外套均是以蓝色星空面料为主、字母和黑带为辅的设计，相互呼应，和谐统一。设计将动感与浪漫融入运动风格，全套主题突出，搭配完整。

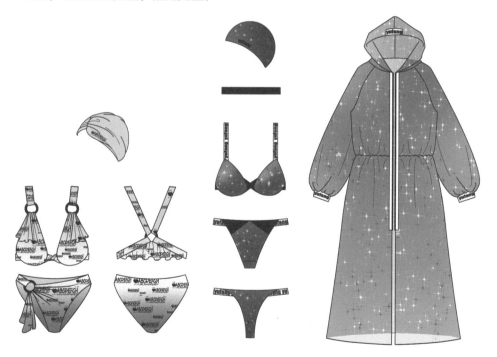

图3-22　配饰与泳装相呼应的设计　　　　图3-23　面料图案风格统一设计的泳装套装

# 第三节
# 泳装系列
# 艺术设计的
# 方法与流程

# 一、泳装系列设计的方法

根据灵感信息运用缩减转化、艺术升华、呼应等方法进行第一套设计，具象化泳装系列的风格、主题、设计元素等要素。如图3-24所示，将风景效果艺术升华为弧线图案，运用特殊的横向构成方法将五套泳装统一设计，达到特有相互呼应的设计效果。分则各自独立，合则连贯为一。

图3-24　风景效果艺术升华设计

运用不同的色彩搭配可延续设计系列泳装的不同主题效果。图3-25的红色调搭配为暮色效果，图3-26的黄色调搭配成晨光效果。

图3-25　红色调搭配的暮色效果

图3-26　黄色调搭配的晨光效果

## 二、泳装系列设计的流程

　　按设计流程，泳装系列设计先从流行趋势入手，搜集资料并分析、筛选泳装设计的风格方向，查找相关灵感信息以确定主题。图3-27的图案趋势信息整合，提取色彩并参考预测款式特色进行设计。图3-28的大花卉系列，在简约风格的款式上进行花卉设计，灵活运用图案的不同大小、不同位置、不同方向的构图或组合，体现主题的一致性和元素运用的节奏美，达到系列泳装的对比与统一。

图3-27　图案趋势信息整合

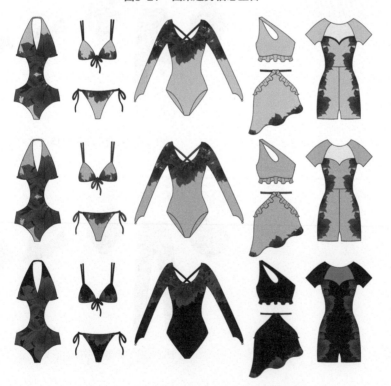

图3-28　大花卉系列设计及不同配色设计的效果

## 三、泳装系列设计拓展方法

五套系列泳装中一般应包括一件式、两截式和三点式，且注意每套的面积大小和造型变化。图3-29的希腊风系列设计，在造型与细节的大小、对称、均衡、比例等方面的穿插安排，以及装饰环、链的位置与组合安排，既有不同又有呼应。

**图3-29　希腊风系列款式设计效果**

黑、白、灰、金、银属于百搭色，与对比强的色彩搭配效果更鲜明，图3-30的暗紫加金、图3-31的墨绿加金、图3-32的黑加银。

**图3-30　希腊风"暗紫加金"配色设计**

图3-31 希腊风"墨绿加金"配色设计

图3-32 希腊风"黑加银"配色设计

第四节
泳装系列
设计实践

# 一、实践案例：暖海

系列定位：活跃、阳光、对比、新颖。

主题元素关键词：撞色条纹、多彩呼应、装饰线条。

根据参考款式和灵感图图3-33进行主题构想和艺术系列拓展，选择弹力撞色条纹及色块搭配作为主要设计元素，蓝色代表海，明黄代表暖阳，橙红代表霞光，条纹交错代表夕阳下海面与天空的色彩交相辉映。

## 1. 第一套

如图3-34所示，第一套泳装是明朗色调的三原色相及条纹搭配设计，为比基尼款，奠定了本系列设计的具体手法。

图3-33　参考款式和灵感图　　　图3-34　"暖海"
系列第一套效果

## 2. 第二套

发展系列款式时要继续运用特色元素，又要区别于前一款的造型，因此第二套设计成连身一体式，且把条纹纵向放中间，如图3-35所示。

### 3. 第三套

与前两套造型相区别，第三套需大面积的效果，运用流行运动型包裹式，设计长袖色块拼接效果，同时条纹小面积运用其中，如图3-36所示。

### 4. 第四套

前三套都是对称，为增加变化性，这套采取不对称的一体半高领款式造型，如图3-37所示。

### 5. 第五套

把第五套设计成分体精小款，与第一套呼应，但款式均与前面几款有差别，如图3-38所示。

图3-35 "暖海" 系列第二套效果　　图3-36 "暖海" 系列第三套效果　　图3-37 "暖海" 系列第四套效果　　图3-38 "暖海" 系列第五套效果

### 6. 系列调整

在此基础上，给模特配上服饰配件，加上符合主题风格的背景，就成为五套完整的造型搭配，如图3-39所示。

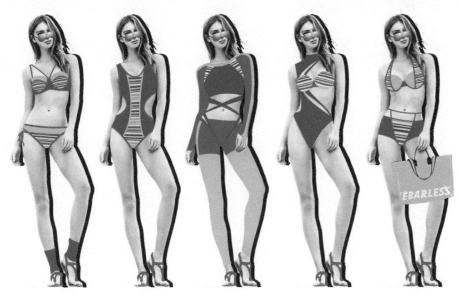

图3-39 "暖海"系列配饰设计

## 7. 艺术排版

如图3-40所示，为使设计画面更完善，根据主题添加适当的背景，增添艺术效果、烘托主题气氛。加上主题字、帆板和椰树，形成完整的泳装系列设计效果图。

图3-40 "暖海"系列背景润饰设计

## 8. 系列设计拓展

　　五套泳装系列中，每套款式造型都不同；条纹图案的位置、多少、方向都不同，裤装的低腰、高叉、长度、平角等都有区别，体现了对比与统一的形式美设计法则。可以选用其他特色图案设计出不一样的主题效果，图3-41运用带有波普风格的眼睛、嘴巴图案来设计系列泳装"Price Tag"，图3-42运用经典佩兹利图案和轻松明朗的浅色调来设计的系列泳装"浅滩游记"。

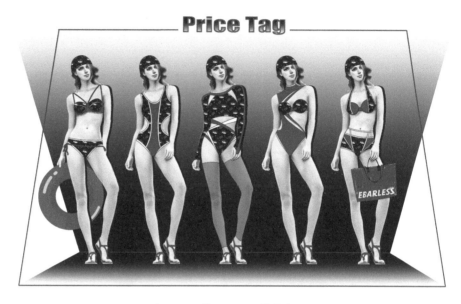

图3-41　"Price Tag"换色效果

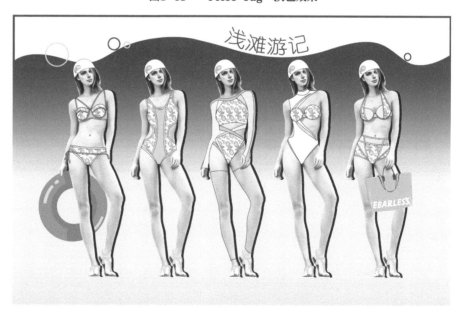

图3-42　"浅滩游记"换色效果

## 二、实践案例：深海秘密

系列定位：强烈、抽象、简约、奇特。

主题元素关键词：黑白拼色、曲线、构成感。

根据参考款式和灵感图3-43进行主题构想和艺术系列拓展，选择黑白拼色作为主要设计元素，确定主题名称为"深海秘密"。黑色代表深海，白色代表白鲸，黑白相互对比，相互配合，抽象地反映海洋与白鲸之间互相依赖的关系。

### 1. 第一套

如图3-44所示，第一套泳装是黑白镂空一体连身款设计，胸部黑白造型搭配有层次效果，腰部造型有视错觉的收腰效果，奠定了本系列设计的具体手法。

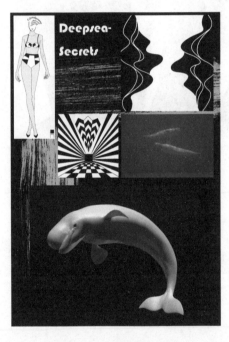 

图3-43　参考款式和灵感图　　　　图3-44　"深海秘密"
　　　　　　　　　　　　　　　　　　　系列第一套效果

### 2. 第二套

如图3-45所示，泳装的特色元素是上小下大的两截分身款，裙部造型有层次效果。

### 3. 第三套

如图3-46所示，继续设计两截式泳装，与第二套区别为上大下小。上身连袖；造型流畅、新奇、不规则，至胸下的弧线有种抽象鲸尾的设计；下身简约，以衬托、辅助、呼应。

### 4. 第四套

如图3-47所示，设计回连身镂空泳装以呼应第一套，白多黑少。不对称且自由流畅的曲线如潜游在海底，体现新颖性、整体性。

### 5. 第五套

如图3-48所示，为区别、呼应前几款设计，第五套设计为短袖两截式，并多处拼接分割使黑白反复交替的构成感，丰富视觉效果。

图3-45
"深海秘密"
系列第二套效果

图3-46
"深海秘密"
系列第三套效果

图3-47
"深海秘密"
系列第四套效果

图3-48
"深海秘密"
系列第五套效果

### 6. 搭配整体造型

运用黑白色块设计泳帽，并搭配泳镜、墨镜、包包、鞋袜等配件，使整体造型协调、完整，如图3-49所示。

图3-49 "深海秘密"系列配饰设计

## 7. 艺术排版

选择与主题相关的背景图片并调整为适当的模糊效果,以突出泳装本身;加上气泡、标题,达到整个画面的完整效果,如图3-50所示。

图3-50 "深海秘密"背景润饰设计

## 8. 系列设计拓展

    五套黑白泳装系列设计以潜在深海的白鲸为灵感，概括、抽象地表达了主题。运用了对称、均衡、主次、节奏、韵律等多种美的创作法则，对比效果鲜明、跳跃，新奇的造型体现个性。五套泳装均可在展示或游泳时穿着，可以进行商品开发。利用绘图软件设计其他图案和配色，如图3-51充满夏日活力的"夏日青柠"和图3-52略带奢华、精致的"The Charm of Gold"。

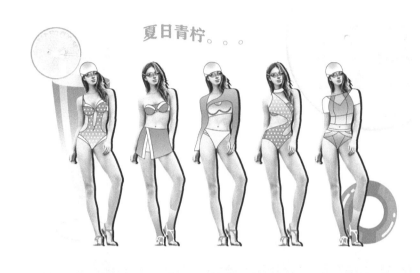

图3-51　"夏日青柠"换色效果

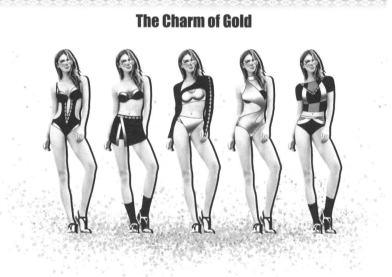

图3-52　"The Charm of Gold"换色效果

# 三、实践案例：飞天记

系列定位：中国风、艺术、浓郁、图案。

主题元素关键词：飞天图案、精美新颖、古今结合。

根据参考款式和灵感图3-53进行主题构想和艺术系列拓展，选择飞天图案作为主要设计元素，确定主题名称为"飞天记"。以黑色为底，衬托飞天配色，浓郁而神秘；将飞天图案的韵律美与简约、时尚的款式结合。

## 1. 第一套

如图3-54所示，第一套泳装是一体式连身款设计，运用完整的飞天图案，并在边缘处以细线呼应图案色彩，奠定了本系列设计的具体手法。

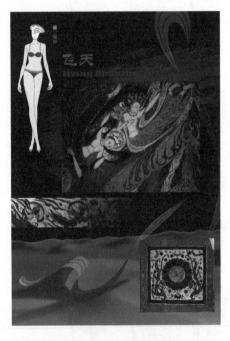

图3-53　参考款式和灵感图　　　　图3-54　"飞天记"
系列第一套效果

## 2. 第二套

如图3-55所示，设计为全身一体式，区别于第一套领口和完整的图案，仅用飘带，将其放大并组合。

### 3. 第三套

如图3-56所示，区别于前两款的一体连身，设计了小面积的比基尼。将图案脸部较满地运用于罩杯上，同时选取飘带局部组合在泳裤上进行呼应。

### 4. 第四套

如图3-57所示，区别于第一套的无袖、第二套的长袖、第三套三角杯造型，第四套的尖造型向下，图案也放大并反着运用；胸间的小飘带不仅尽显精致，还连接深V领，起到功能性作用。

### 5. 第五套

如图3-58所示，呼应第一套圆领、第二套全身一体式，但做不规则分割，透明袖子做另一只手臂，图案跨越黑底与透明面料。

图3-55 "飞天记"系列第二套效果　图3-56 "飞天记"系列第三套效果　图3-57 "飞天记"系列第四套效果　图3-58 "飞天记"系列第五套效果

### 6. 搭配整体造型

如图3-59所示，将飞天图案运用于透明面料，并给面积相对较小的第一套搭配长裙设计，面积最小的第三套搭配连帽超长外套设计。

图3-59　"飞天记"配饰设计

## 7. 艺术排版

如图3-60所示，根据主题联想到与飞天相关的敦煌壁画，选择沙漠风光图片作为背景，并用绘图软件进行适当的模糊；设计主题字体为篆字，并加上飘带进行装饰和呼应。

图3-60　"飞天记"背景润饰设计

## 8. 系列设计拓展

　　以飞天为灵感的五套中国风主题泳装系列，图案的大小、方向、整体、局部均进行不同运用，在新颖的泳装款式中进行多形式的组合、重构，灵活多变地表达了主题，中国风气氛浓郁，艺术感强。五套泳装均可在展示或游泳时穿着，简化后可以进行商品开发。可利用绘图软件设计其他图案和配色，如图3-61汇聚两位艺术家的"埃舍尔与克莱因"，图3-62运用经典传统图案的"穿越时空之恋"。

Maurits Cornelis Escher & Yves Klein

图3-61　　"埃舍尔与克莱因"换色效果

图3-62　　"穿越时空之恋"换色效果

# 四、实践案例：MAX航线

系列定位：个性、时尚。

主题元素关键词：红加蓝、精美新颖、古今结合。

根据参考款式和灵感图3-63进行主题构想和艺术系列拓展，选择航海路线作为主要设计元素，系列运用蓝红为主色，蓝色代表海洋，红色代表热情，虚线代表航行路线，寓意航海人怀着饱满的热情，不惧艰险，将航线最大化。

## 1. 第一套

如图3-64所示，第一套泳装是不对称个性连身款设计，蓝红相互搭配映衬，其中多处镂空及图案的自由虚线，奠定了本系列设计的具体手法。

图3-63　参考款式和灵感图　　　　图3-64　"MAX航线"
系列第一套效果

## 2. 第二套

如图3-65所示，区别于第一套的不对称一体款，第二套设计为对称两截效果，加入环扣荷叶边增加活跃效果。

### 3. 第三套

如图3-66所示,第三套设计男式平角泳裤,以简洁为主,搭配相同花色图案的泳巾。

### 4. 第四套

如图3-67所示,一体式镂空设计的运用呼应第一套,对称式及扣环的运用呼应第二套,交叉绳呼应前两套,但这些细节在设计上又有所区别。

### 5. 第五套

如图3-68所示,两截式以及不对称的造型、色彩设计呼应第一套呈现个性效果,交叉绳的运用呼应前几套,但位置不同,红蓝色彩的交叉运用体现了均衡美感,整体效果大胆、前卫。

图3-65
"MAX航线"
系列第二套效果

图3-66
"MAX航线"
系列第三套效果

图3-67
"MAX航线"
系列第四套效果

图3-68
"MAX航线"
系列第五套效果

### 6. 搭配整体造型

如图3-69所示,配上同花色图案的泳帽、墨镜以及拎包,将造型搭配完整、时尚。

图3-69 "MAX航线"配饰设计

## 7. 艺术排版

如图3-70所示，选择与主题相关的航线图作为背景，并利用绘图软件调整暗色、稍加模糊以突出泳装主体；运用泳装花色图案设计左上角的主题，并在右下角进行字母、虚线效果设计，起到对比呼应的效果。

图3-70 "MAX航线"背景润饰设计

## 8. 系列设计拓展

　　五套泳装系列设计以航线为灵感，运用个性、前卫的款式设计表达了勇于探索的开拓精神。造型组合新颖，色彩强烈，视觉感染力强。五套泳装均可在展示或游泳时穿着，也可简化后进行商品开发。可利用绘图软件设计其他图案和配色，如图3-71带着夜色与乐感的"月光爵士"效果，图3-72具有丰富色彩和绘画笔触的"莫奈的画笔"效果。

图3-71　　"月光爵士"换色效果

图3-72　　"莫奈的画笔"换色效果

# 第四章

# 塑身衣系列
# 艺术设计

塑身衣是一种功能性服装，它是根据人体工程学原理，采用弹性面料，依人体形态特征进行立体剪裁，以调整体内脂肪分布、突显女人性感魅力为目标，在丰胸、收腹、提臀、美腿等方面效果尤其明显。塑身衣非常贴体，能辅助矫正人体曲线，其美感设计和结构是紧密地融为一体的。

自古至今，人类对体态美的追求从未停止。中国古代曾有"楚王好细腰"的典故。欧洲中世纪也以细腰为美，因此紧身衣在欧洲贵族的历史上几经兴起，从最初的铁制材料演化到鲸骨加丝绸、尼龙等材质。今天，在流行观念以及T台模特的影响下，人们对体型美的追求更加普及，无论男女，除了腰部，对胸部、臀部、腿部以及整个体态都力求达到更完美。随着新型面料、版型和缝制技术的研究发展，使塑身衣有了更多元化的衍生，如背背佳、产后塑身衣、矫正弯腰驼背的塑形美体衣等，它们有塑胸、提臀、瘦腿以及调整挺拔身姿的功能。

# 第一节
## 塑身衣分类与
## 艺术风格

## 一、塑身衣的特点

塑身衣包裹性、功能性强，矫正作用明显，有一定的束缚感，是辅助完善体型的主要服装产品，其特点具体可概括为：

（1）贴身衣物；

（2）有矫型、支撑、完善体型的作用；

（3）有吸汗、保暖及保洁的功能。

## 二、塑身衣的分类

塑身衣按塑身强度可分为高强度、中强度、低强度三种。高强度以鱼骨和非弹性或低弹性面料强力塑身；中强度根据用途不同可分为内穿、外穿两种，内穿款式简约平顺，外穿款式多为复古风设计、个性设计或作为表演的夸张设计；低强度已经用于日常服装中，如打底裤、底裤等有一定程度塑型效果的服装。

根据塑身衣服务的身体部位不同，主要可分为以下几类。

### 1. 背背佳

背背佳是以矫正肩、腰、背部形态为主的塑身衣，如图4-1所示。利用固定腰、背、肩的拉力来辅助身体挺直，目的是矫正因不良坐姿、站姿导致的弯腰驼背、含胸塌肩、颈椎痛等状态。

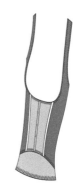

图4-1　背背佳

### 2. 连体款塑身衣

连体款塑身衣是从肩部设计至大腿部的塑身衣，如图4-2所示。其包裹部位较多，同时具有挺直身体、支撑聚拢胸部、收腰、提臀、瘦腿等塑型功能。

图4-2　连体款塑身衣

### 3. 男装款塑身衣

男装款塑身衣是专为男士设计的塑身衣，如图4-3所示。其在尺寸、造型上与女装塑身衣有所差异，功能相似，以分体款设计为主。

图4-3　男装款塑身衣

### 4. 束裤

束裤是指主要用来束缚女性腰、腹、臀部的塑身衣，如图4-4中a所示。束裤可分为高腰、低腰、瘦腿款等款式。

### 5. 文胸款

文胸款塑身衣是联合文胸设计的塑身衣，如图4-4中b所示。这种联合设计方便穿着，具有支撑胸部、收腰等多项功能。

### 6. 腰封

腰封是针对腰部束缚的塑身衣，如图4-4中c所示。腰封设计上至胸下5厘米、下至胯点下5厘米左右，是针对胃部、腰部、腹部、胯部的塑形产品。

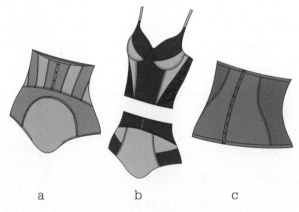

a　　　　　　　b　　　　　　　c

图4-4　束裤、文胸款、腰封

## 三、塑身衣的风格与设计

　　塑身衣产品贴身穿着，强调修身的功能性，因此在设计上以贴身裁片拼接为主，以配色、图案面料和小细节设计为主，不宜有明显造型的立体装饰。塑身衣产品常见风格可以简约为主，运用图案花色可表达田园风、复古风、朋克风、中国风、牛仔风等风格。如图4-5所示，a款和b款为简约风格，a款为产品中最为常用的肤色；c款因图案花色呈现田园风的清新效果；d款因图案花色呈现浓郁的中国风效果。随着近年塑身衣外穿、复古风的流行，塑身衣设计中增加了更有魅力的细节设计，如褶皱、透明纱网、花边、皮革等效果，呈现多种风貌，更有特色的外观设计，以满足不同消费者的不同需求。

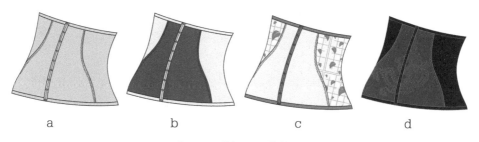

a　　　　　　b　　　　　　c　　　　　　d

**图4-5　腰封不同风格的效果**

# 第二节
塑身衣
设计方法

# 一、塑身衣设计与形式美

## 1. 平衡

由于塑身衣功能性的要求，一般只做对称设计，均衡只安排在花色图案等装饰上。如图4-6所示，a款、b款均为结构色彩对称，但b款的装饰图案为均衡设计。

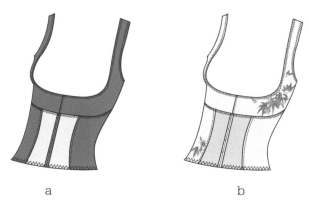

图4-6  平衡设计

## 2. 比例

如图4-7所示，a款与b款在内结构上比例，前者整体，后者对比；又如b款与c款在装饰面积上的比例，前者丰富隆重，后者精巧简约。

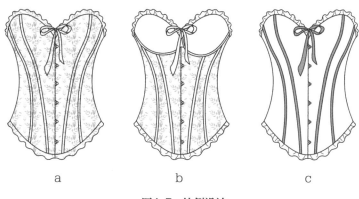

图4-7  比例设计

## 3. 齐一与参差

如图4-8所示，a款可理解为边缘齐一、线的排列整齐，可作为常规商品；b款的流苏参差不齐，位置大小也不规则，可作为表演类商品，有变幻不定的动感效果。

a               b

图4-8　齐一与参差设计

## 4.　节奏与韵律

　　如图4-9所示，同造型款式中，a款为单色设计，造型的收放富有节奏美感，同时胯部的木耳边效果也增添了韵律美感；b款为撞色设计，色彩的交替安排产生强弱和方向上的结构韵律感；c款与b款配色相同，但以紫色为主，整体感强，映衬橙、灰线条穿插交错的节奏和韵律。

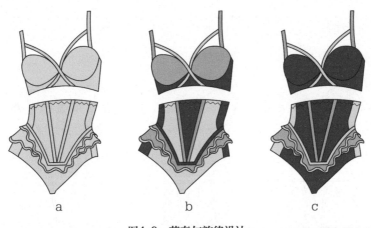

a             b            c

图4-9　节奏与韵律设计

## 5.　渐变

　　如图4-10所示，a款在腰、腹部设计了放射状分割线，使浅绿色面积呈现从窄到宽的渐变；b款则是在纵向上做分割，分割宽度从中间至两侧逐渐变宽，形成渐变的效果，符合人体线条感，又有收腰的视觉效果；c款除了纵向分割的间距宽度渐变外，从中间到两侧的色彩也从浅色到深色、从蓝色到紫色，形成多重渐变效果。

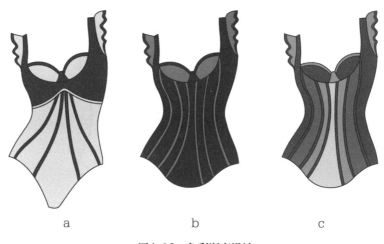

图4-10　色彩渐变设计

## 6.　主次与对比

如图4-11所示，a款的主要设计元素为蕾丝装饰，以腰间单独蕾丝为主，上、下蕾丝花边为次，由于细节丰富繁多，色彩搭配对比相对较弱，保持一定的整体感；b款无复杂图案，色彩对比强烈，视觉明快。

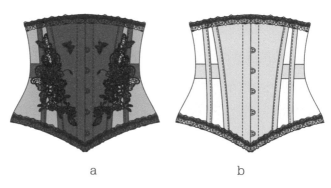

图4-11　主次与对比设计

## 7.　调和与统一

如图4-12所示，a款为复古风塑身衣设计，主要元素包括皮加金属扣、金属钉、皮革加蕾丝，肩部的皮革加蕾丝与腰腹部的大面积设计相呼应，皮革包边和金属扣多处相呼应，使不同的色彩、材质间隔又有联系，达到统一效果；b款主要设计元素为银色反光面、蓝绿包边及带条，多种撞色在不同位置穿插排列，互相呼应调和，达到对比与统一的和谐变化。

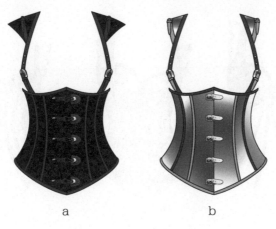

图4-12　调和与统一设计

## 二、塑身衣设计总则

（1）确定定位，将塑型功能性与完美理想女性身材造型高度结合。

（2）款式。塑型和艺术美的创作法则的结合，以分割为主。

（3）色彩。因结构分割较多，多以整体性为主，常设计单色或同种花色面料，如图4-13所示。注重呼应效果，搭配设计差异较大。

（4）图案。选择四方连续图案的面料时，应注意图案个体尺寸的大小，如个体面积太大，在多分割的塑身衣上会被裁断，缝合后效果不完整且凌乱。

如图4-13所示为款式分割做的多种色彩搭配，a款单色强调整体；b款增加灰色，在胸部显示了层次，在腰部强调了结构；c款在利用分割作色块对比，既有色彩呼应，又利用腰侧暗色设计形成视错觉效果，更有收腰感。

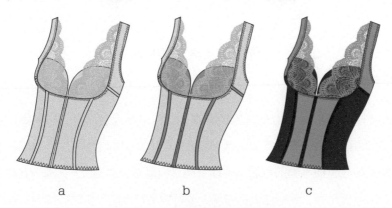

图4-13　多种色彩搭配设计图示

## 三、塑身衣设计的常用方法

### 1. 内穿塑身衣

内穿塑身衣的设计以分割结构为主。分割结构的作用如下。

（1）更科学地包裹、束缚身体，使人体造型趋于理想化。

（2）不同的面料拼接，在花色、图案、质感等方面能变化出更丰富、新颖、美好的视觉效果。在设计时，注意造型比例和面料主次、穿插的节奏美感。

如图4-14所示，分割结构使塑身衣看起来更具有构成感，应用色彩、图案面料、蕾丝等进行拼接，达到不同风格：a款拼接的图案面料使塑身衣传达田园风；b款的色块拼接使塑身衣体现简约风；c款的蕾丝增添了一抹女人味。

如图4-15所示的男款塑身衣套装设计，a款分割后采用统一色彩，整体大气；b款的深浅色搭配既有变化又相对协调；c款分割后的黑色与不规则的光感纹拼接，在整体统一的基础上增添了些许华贵。

a      b      c

图4-14　女装分割结构设计

a      b      c

图4-15　男装分割结构设计

## 2. 外穿塑身衣

外穿塑身衣主要为女装塑身衣，多无裆，多与上衣或裙装搭配。

外穿塑身衣的造型夸张、结构新颖、细节丰富，常见的风格有宫廷风、中世纪风、牛仔风等。

外穿塑身衣常用的材料有皮革、牛仔面料、光泽感面料、金属辅料等。

如图4-16所示，a款细节设计丰富，用强对比的三色搭配，皮革面料和金属材料搭配出酷感与个性；b款在a款的基础上加波浪状裙摆，增添活泼感。

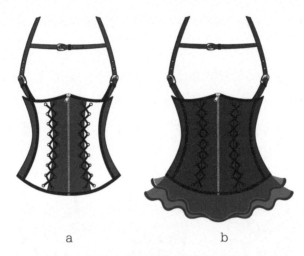

a      b

**图4-16　外穿塑身衣设计图示1**

如图4-17所示，a款的金属面料和蕾丝面料搭配，亮金色及黑色包边与蕾丝的对比效果强烈，醒目且精致；b款的牛仔面料、流苏下摆、黑色撞色线的结构感，视觉上独具个性。

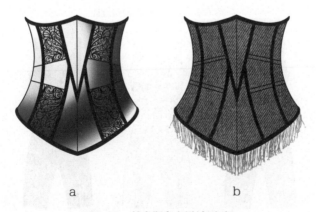

a      b

**图4-17　外穿塑身衣设计图示2**

## 3. 创意设计

在舞台上比赛或表演的塑身衣套装设计需要夸张、创新的设计手法，可选择一些特殊的主题元素，也可增加一些相关的配件设计，如特殊的造型、不对称结构、较多的带条、金属扣环、流苏、珠串等装饰。图4-18中款式的胯部造型夸张，与腰部形成鲜明对比，一般出现在舞台、舞会等场合。

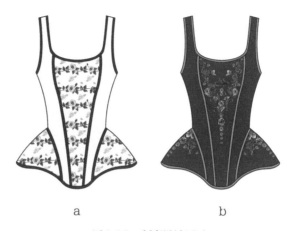

a                    b

**图4-18　创意设计图示**

# 第三节
# 塑身衣系列
# 艺术设计的
# 方法与流程

## 一、塑身衣系列装概述

塑身衣系列应在同一主题风格下，运用相同或相似的面料搭配，且针对不同身体部位进行设计。如五套系列应包括连身款、腰封款、束裤款、文胸款等。

内穿塑身衣，主要考虑设计定位，用柔和或百搭的花色满足不同消费者的需求。外穿塑身衣在风格上多体现复古宫廷风，也有一些强调个性的朋克风、牛仔风、运动风等。

塑身衣以分割线和花色图案为主要设计元素，灵感可从各个方面去搜寻、整合，从而创作特色作品。例如根据赛车、速度、变化的主题灵感图，设计出图4-19"Metamorphoses"（惠州学院186班学生罗吉慧、肖晓珊、何嘉佳、黄卓君塑身衣教学环节作业）这一新潮运动风塑身衣系列。

**图4-19 "Metamorphoses"灵感图及塑身衣系列设计**

在系列中设计不同的部位及强度的塑身衣，传达系列的节奏美，以满足不同消费者的不同需求。

第一套塑身衣的款式、色彩、面料、细节手法确定了在类别、风格、主题上的设计定位，奠定了整个系列的基调。

## 二、塑身衣系列的款式拓展设计

　　塑身衣系列的拓展应遵循不同造型下的配色、图案及细节相同或相近进行设计，以保持主题风格的一致。

　　以五套塑身衣套装为例的设计，可在不同款上都设计相同或相近的元素。如图4-20所示，蝴蝶结和褶边传达了一定程度的宫廷复古风。在款式、部位、塑身强度、夸张程度方面的差别强调了对比，相同的设计元素传达了和谐。

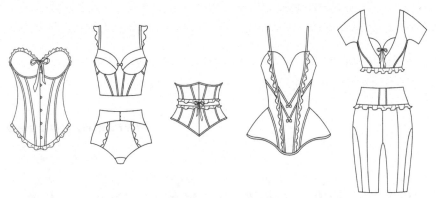

图4-20　以蝴蝶结和褶边为设计元素的塑身衣设计

## 三、塑身衣系列的色彩设计

　　系列塑身衣的色彩设计需要首先参考流行趋势的色彩和面料信息，再根据内穿或外穿的类别进行设计。

　　肤色、黑色是内穿系列塑身衣最受消费者欢迎的色彩，此外还有无彩色系和柔和色系，如灰色、杏色、浅豆绿、素雅蓝、藕紫等，如图4-21所示。

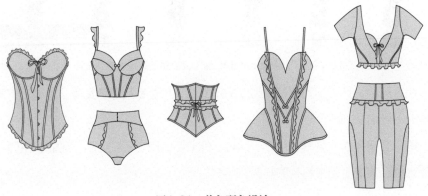

图4-21　单色配色设计

同色系搭配仅有明暗之差，色彩保持着一定联系。明暗对比弱的搭配和谐感强，在拼色上可以灵活多变；明暗对比强的差异性大，在拼色上注意保持整体效果，如图4-22和图4-23的配色差别。

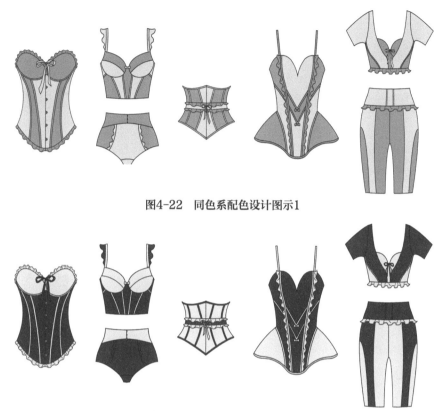

图4-22　同色系配色设计图示1

图4-23　同色系配色设计图示2

对比较强的色彩搭配，可以只用两种色彩，如图4-24所示；也可将其中一个颜色换成中性色来降低艳丽效果，如图4-25所示；色彩运用三种或以上，应调整色彩明确的主次关系，避免花乱，如图4-26所示。

图4-24　对比色配色设计图示1

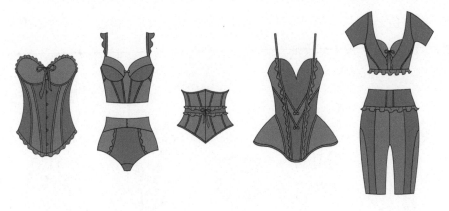

图4-25 对比色配色设计图示2

图4-26 对比色配色设计图示3

## 四、塑身衣系列的图案设计

图案自身具有风格特点，既可以丰富系列语言，也可以影响系列风格。如图4-27中的a、b、c、d分别是几何风、可爱风、田园风和中国风，因此影响了图4-28～图4-31的相同款式塑身衣的风格倾向。

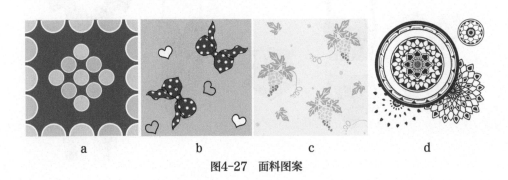

a      b      c      d

图4-27 面料图案

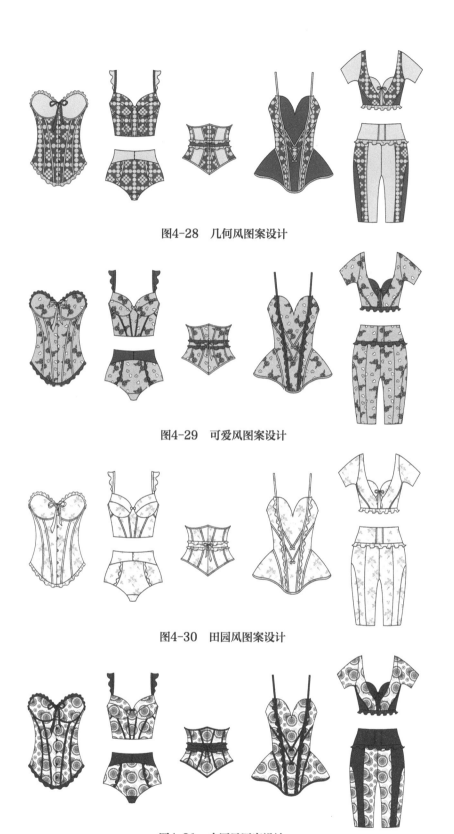

图4-28 几何风图案设计

图4-29 可爱风图案设计

图4-30 田园风图案设计

图4-31 中国风图案设计

第四节
塑身衣系列
设计实践

## 一、实践案例：巧克力和抹茶

系列定位：复古、浓重、时尚、新颖。

主题元素关键词：主题色、交叉绑带、撞色边、俏皮褶边、鱼骨。

根据参考款式及灵感图4-32进行主题构想和艺术系列拓展，以巧克力褐色和抹茶绿色为主，加入少量浅灰色搭配，设计有复古风的交叉绑带、层次褶边，设计时尚、新颖的塑身衣系列。

### 1. 第一套

如图4-33所示，第一套设计是以褐色、抹茶绿、浅灰拼色的分身高腰款塑身衣设计。细节元素包括撞色线、褶皱边和交叉带。

图4-32　参考款式及灵感图　　　　图4-33　　"巧克力和抹茶"
　　　　　　　　　　　　　　　　　　　　　　系列第一套效果

### 2. 第二套

第二套为连身款设计，腰部的浅灰色线条设计形成收腰效果，可以更好地塑身。浅灰与褐色形成强烈对比，褶皱边放在胸下和腹股沟，精致而俏皮，如图4-34所示。

### 3. 第三套

第三套以抹茶绿为主色调，超高腰平角裤设计将设计重心下移，收胃、腰、腹、大腿造型，拼色、撞色线和双层褶皱边丰富了裤装的视觉效果，如图4-35所示。

### 4. 第四套

胸部多层褶皱、多交叉线和撞色线的运用使设计重点回到上半身，形成丰富、隆重的视觉效果。加大灰色面积，并在裤袜上呼应，内裤设计为超低腰，并连带长裤袜款，三色并重穿插呼应，如图4-36所示。

图4-34 "巧克力和抹茶" 系列第二套效果　　　图4-35 "巧克力和抹茶" 系列第三套效果　　　图4-36 "巧克力和抹茶" 系列第四套效果

### 5. 第五套

只运用撞色线和交叉线，主色调再次使用褐色，交叉线用浅灰上下呼应；抹茶绿线左右呼应，视觉及功能上都起到收腰效果，如图4-37所示。

图4-37　"巧克力和抹茶"系列第五套效果

## 6. 系列调整及搭配整体造型

检查五套设计是否有雷同的部分并进行调整，同时加上丝袜、手花配饰，增加视觉节奏美感，如图4-38所示。

图4-38　"巧克力和抹茶"配饰设计

## 7. 艺术排版

如图4-39所示，为使设计画面更完善，根据主题添加适当的背景，增添艺术效果、烘托主题气氛。加上主题字、暗色背景和倒影，形成完整的塑身衣系列设计效果图。

图4-39 "巧克力和抹茶"背景润饰设计

## 8. 系列拓展设计

　　五套塑身衣系列的配色点明主题"巧克力和抹茶"，三种配色、穿插运用同样的细节元素，达到了系列的整体效果。系列造型款式有明显变化，具有明显的节奏感。配色交替变化明显，细节丰富，交叉绑带时尚新颖，在趣味性和俏皮感中带着些许复古意味。利用绘图软件可设计其他图案和配色，如图4-40强烈而丰富的"夜空中最亮的星"。

图4-40 "夜空中最亮的星"换色效果

## 二、实践案例：花犹痕

系列定位：优雅、精美、高级、动感。

主题元素关键词：灰调、装饰花纹、半透明、流苏。

根据参考款式及灵感图4-41进行主题构想和艺术系列拓展，选择素雅的花纹图案进行装饰，以突出主题；利用多处流苏使系列增添了动感效果。色彩整体以灰色调搭配，效果高级、低调而精美。

### 1. 第一套

如图4-42所示，设计为假两件连身款，重点对胸、腰、腹部塑型。不同色相的灰色调与透明拼接搭配，主要设计元素为胸部的对称花纹装饰，胯侧的小花带流苏为呼应、点缀效果，主次鲜明。

图4-41　参考款式及灵感图　　　图4-42　"花犹痕"
　　　　　　　　　　　　　　　　　　系列第一套效果

### 2. 第二套

如图4-43所示，设计为分身款，与第一款不同，不对称花纹装饰置于腹部，单肩的流苏为呼应、点缀效果，多处运用透明面料。

## 3. 第三套

如图4-44所示，设计为连身款带袖、裤款，包裹面积较大。与前两款不同，花纹连续纹样放在领饰、边饰，款式有交领特点，带有一定的中国风特点，无流苏。

## 4. 第四套

如图4-45所示，设计为连身文胸款。与前三款不同，花纹图案置于罩杯上，增加流苏的数量并置于前身；增加透明面料面积，更加性感。

| 图4-43 "花犹痕"系列第二套效果 | 图4-44 "花犹痕"系列第三套效果 | 图4-45 "花犹痕"系列第四套效果 |

## 5. 第五套

如图4-46所示，设计为分身款，重点塑型腰部、腹部、大腿。与前四款不同，连续纹样花纹呼应第三套，运用于文胸肩带，下连流苏；腰腹多分割，结构感强。

图4-46 　"花犹痕"系列第五套效果

## 6. 系列调整及搭配整体造型

检查五套设计是否有雷同的部分并进行调整。另外,增加与主色调相同的丝袜、耳坠等配件,如图4-47所示。

图4-47 　"花犹痕"系列配饰设计

## 7. 艺术排版

如图4-48所示,为使设计画面更完善,根据主题添加适当的背景,增添艺术效果、烘托主题气氛,加上主题字、暗色背景、主题花和倒影,形成完整的塑身衣系列设计效果图。

图4-48　"花犹痕"背景润饰设计

## 8. 系列拓展设计

五套塑身衣系列的花纹装饰元素突出了主题"花犹痕"。款式各具特色，新颖而不失优雅；色调柔和、高级；图案精美且运用形式多变，主次关系明确；流苏增添了动感效果，透明面料的运用增添了塑身衣的层次，达到更性感的效果。整个系列和谐、整体，细节丰富，蕴含着低调的高级感。利用绘图软件可设计其他图案和配色，如图4-49充满野性与性感的"部落游戏"。

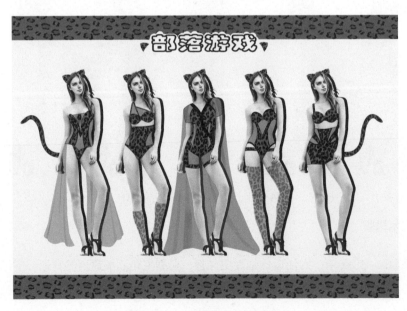

图4-49　"部落游戏"换色效果

## 三、实践案例：庄公晓梦

系列定位：精致、梦幻、高级、质感。

主题元素关键词：蝴蝶、撞色、光泽、装饰。

根据参考款式及灵感图4-50进行主题构想和艺术系列拓展，创作光泽性蝴蝶图案面料，选择紫色加橙色的梦幻组合，并运用独立刺绣蝴蝶装饰，共同突出主题。

### 1. 第一套

如图4-51所示，设计为拼色背背佳连身款，重点塑型腰、腹部。运用蝴蝶图案使撞色面料之间产生联系。

图4-50　参考款式及灵感图　　　　图4-51　"庄公晓梦"
系列第一套效果

### 2. 第二套

如图4-52所示，设计为文胸分身款，重点对胸、腹部塑型。双肩带交叉，蝴蝶图案面料设计在不同的位置。

## 3. 第三套

如图4-53所示，男款以简约拼色为主，主要对腰、腹、大腿塑型。

## 4. 第四套

如图4-54所示，上下分身款，高腰裤及加强的腹带设计，多带条、单色与蝴蝶面料穿插设计。

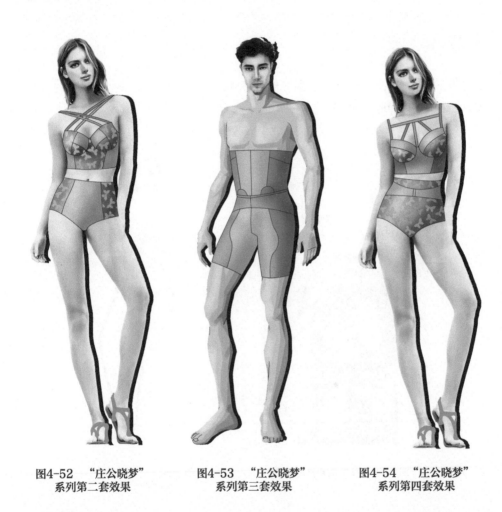

图4-52 "庄公晓梦" 系列第二套效果　　图4-53 "庄公晓梦" 系列第三套效果　　图4-54 "庄公晓梦" 系列第四套效果

## 5. 第五套

如图4-55所示，设计为连身款，并将独立的刺绣图案分别加在四款女装的不同位置上，调节其大小，以突出主题达到富有变化的节奏感。

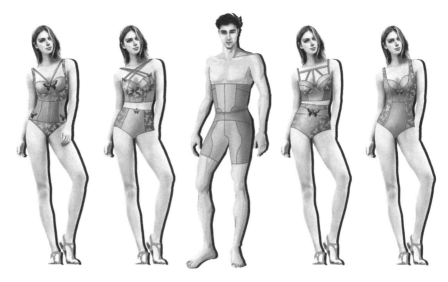

图4-55 "庄公晓梦"系列第五套效果

## 6. 系列调整及搭配整体造型

如图4-56所示，检查五套设计是否有雷同的部分并进行调整。增加与主色调相同的丝袜、拖摆以及大蝴蝶装饰，以达到更有张力的展示效果。

图4-56 "庄公晓梦"配饰设计效果

## 7. 艺术排版

如图4-57所示，由于主体色调偏浅，添加暗色背景，起到映衬突出服装的效果，并根据主题添加放大的蝴蝶背景，烘托主题气氛，加上特色主题字、装饰小蝴蝶，反复强调主题，形成完整的塑身衣系列设计效果图。

图4-57　"庄公晓梦"背景润饰设计

## 8. 系列拓展设计

　　五套塑身衣系列的蝴蝶图案元素突出了主题"庄公晓梦"，配色及面料质感表达了梦幻感；原创图案蝴蝶面料与刺绣蝴蝶相呼应；配件丰富，蝴蝶翅膀和拖摆裙具有舞台展示效果，整体富于变化而不失和谐。可利用绘图软件设计其他图案和配色，如图4-58所示的"情迷迷彩"。

图4-58　"情迷迷彩"换色效果

## 四、实践案例：邂逅黑天鹅

系列定位：优雅、时尚、精致、高贵。

主题元素关键词：黑红拼色、黑红蕾丝、透明、边线。

根据参考款式及灵感图4-59进行主题构想和艺术系列拓展，提取黑天鹅的色彩——黑加红搭配，二者互相衬托；运用蕾丝为主要元素进行不同部位的装饰设计，辅助设计包括撞色边线、圆环、透明弹力面料、羽毛等。

### 1. 第一套

如图4-60所示，设计为腰封款，对腰、腹部塑型。以黑为底，宽红蕾丝装饰，并利用卡扣加强束缚效果。

图4-59　参考款式及灵感图

图4-60　"邂逅黑天鹅"系列第一套效果

### 2. 第二套

如图4-61所示，设计为分体款，多处运用纵向线条，整体以黑色为主，胸部与腿侧装饰蕾丝相呼应，主题对称、稳定，肩部羽毛增添了趣味感。罩杯提升胸部、归拢副乳；高腰短裤拼接透明面料设计，束缚腰、腹部、大腿。

### 3. 第三套

如图4-62所示，设计为分体中腰款，以红色为主，主要束缚胸下、腹部。肩带设计不同位置的圆环，在平稳的结构上增添变化。

### 4. 第四套

如图4-63所示，设计为连体背背佳，以黑色为主，主要束缚背、腰、腹部。胸前交叉加圆环，腰中拼接透明面料，呼应前几款，不同的是无蕾丝，底摆加小褶边体现变化。

图4-61 "邂逅黑天鹅"
系列第二套效果

图4-62 "邂逅黑天鹅"
系列第三套效果

图4-63 "邂逅黑天鹅"
系列第四套效果

### 5. 第五套

如图4-64所示，设计为连体款，主要束缚胸、腰、腹部。以黑色为底、多角度红色线为主要设计要素，搭配环扣、少量蕾丝、透明面料。

图4-64　"邂逅黑天鹅"系列第五套效果

### 6. 系列调整及搭配整体造型

如图4-65所示，检查五套设计是否有雷同的部分并进行调整。利用羽毛、蕾丝、丝袜、披风以及头饰等配件搭配，以突出主题，达到更完整的展示效果。

图4-65　"邂逅黑天鹅"配饰设计

### 7. 艺术排版

如图4-66所示，由于塑身衣主体色调偏深，添加大造型并弱化视觉效果的黑天鹅背景，以突出主题，保持亮色背景。加上特色主题字、装饰黑天鹅图案和线条，反复强调主题，形成完整的塑身衣系列设计效果图。

图4-66 "邂逅黑天鹅"背景润饰设计

## 8. 系列拓展设计

　　五套塑身衣系列黑、红色搭配表达主题"邂逅黑天鹅"。款式多样，变化丰富，时尚新颖；运用蕾丝、羽毛、撞色线条及面料质感表达精致与高贵；羽毛、披风等配件，具有较强的舞台展示效果，配色的一致性确保整体系列效果。利用绘图软件可设计其他图案和配色，如图4-67所示的"Angels in Polka Dots"。

图4-67 "Angels in Polka Dots"换色效果